控制焦虑

TAKING CONTROL OF ANXIETY

Bret A . Moore

[美] 布雷特·A.摩尔————————著

桑利杰————————————译

中国纺织出版社有限公司

原文书名：Taking Control of Anxiety

原作者名：Bret A. Moore

Copyright (year) by the（Publisher）

This Work was originally published in English under the title of:
Taking Control of Anxiety: *Small Steps for Getting the Best of Worry,
Stress, and Fear* as a publication of the American Psychological
Association in the United States of America. Copyright ©（2014）
by the American Psychological Association (APA). The Work has
been translated and republished in the Chinese Simplified language
by permission of the APA. This translation cannot be republished
or reproduced by any third party in any form without express written
permission of the APA. No part of this publication may be reproduced
or distributed in any form or by any means or stored in any database or
retrieval system without prior permission of the APA.

　　本书中文简体版权经由美国心理协会（APA）授权，
由中国纺织出版社有限公司独家出版发行。本书内容未经
出版者书面许可，不得以任何方式或任何手段复制、转载或
刊登。

　　著作权合同登记号：图字：01-2019-1631

图书在版编目（CIP）数据

　　控制焦虑／（美）布雷特·A.摩尔著；桑利杰译
. --北京：中国纺织出版社有限公司，2022.4
　　书名原文：Taking Control of Anxiety
　　ISBN 978-7-5180-8568-2

　　Ⅰ.①控…　Ⅱ.①布…　②桑…　Ⅲ.①焦虑—自我控
制—通俗读物　Ⅳ.①B846-49

　　中国版本图书馆CIP数据核字（2021）第156694号

责任编辑：闫　星　　责任校对：高　涵　　责任印制：储志伟

中国纺织出版社有限公司出版发行

地址：北京市朝阳区百子湾东里A407号楼　　邮政编码：100124

销售电话：010—67004422　　传真：010—87155801

http://www.c-textilep.com

中国纺织出版社天猫旗舰店

官方微博 http://weibo.com/2119887771

天津千鹤文化传播有限公司印刷　各地新华书店经销

2022年4月第1版第1次印刷

开本：880×1230　1/32　印张：7.25

字数：146千字　定价：58.00元

致洛丽和凯特林——为你们的欢笑，爱，理解与耐心

引言
Preface

焦虑是自由的眩晕。

—— 索伦·克尔凯郭尔

周六晚上音乐会结束后，罗拉去停车场开车时，突然感到紧张不安，她想起了几周前被袭击的朋友，于是加快了脚步。她感到心跳加速，喘不上气，胸口很闷，不一会儿就大汗淋漓。她知道自己遇到了麻烦，一些坏事就要发生。她走到车前，钻进车里并锁上车门，但她无法开车，她的手在颤抖并感到头晕目眩。大约过了5分钟，她感觉好些了，于是自己开车回了家。在此之后的几天里，她能回想起的只有当天晚上的恐慌感。

大卫是一名大学生，同时也是一名备受赞誉的运动员。他总是能很轻松地处理生活中的问题。这种情况在他期中考试失败后发生了改变，他开始怀疑自己的能力，开始担心未来的考试，担心自己是否还会无法通过这些考试。尽管事实证明他的其他科目都顺利通过了，但是对考试无法通过的担心仍然使他很难专心学习，这导致他的多门成绩从A到B又降到C，事情越来越糟糕。他开始担心自己的未来，尤其是职业生涯。如果他只是一名平均水平的学生——或者更糟糕，因成绩不及格被学校要求退学——那么他将再也不能找到一份好工作。没有好工作，就没有女孩子愿意嫁给自己。大卫相信他命中注定要过充满失望和不幸的一生。

玛丽最近的生活非常不顺。她在经济不景气的时候被公司辞退，交往了三年的男朋友也因为另一个女人弃她而去。如果这还不算惨，她年迈的母亲因为不小心摔倒导致髋骨骨折住院，这让她生病的父亲只能独自在家。玛丽唯一的兄弟，她的哥哥，一点儿忙也帮不上，他在离家后就已经切断了和父母的所有联系，因而照顾父母的责任完全落在她的肩膀上。玛丽想："为什么糟糕的事情总是一件接着一件？我男朋友离开了我，我的父母病了，我甚至不知道自己下个月怎么交房租，这一切真让人难以承受。"❶

如果你和大部分人一样，那么会在某种程度上认同罗拉、大卫和玛丽的故事，也许你不止认同他们中的某一个。他们都是普通人，这些人因为不同的原因陷入焦虑。焦虑、电视真人秀、网上购物和手机一并成为美国当前文化的焦点。焦虑现在和我们的集体心理交织在一起，以至于我们每年花费数十亿美元试图去了解它，以减轻甚至完全消除焦虑对我们日常生活的影响。我们担心未来的职业生涯，我们为下个月的贷款或房租感到压力，我们沉迷于家庭的整洁，我们很晚才睡，我们无法

> 你本可以不必被焦虑控制。

---

❶　本书中所有案例均为虚构。

自助——这本身就是我们的一部分。但好消息是，你可以改变，不必被焦虑控制，掌握一些知识和一些小小的技巧，你就能够有效控制你的焦虑。

请注意这里我讲到的是"控制"，控制你的焦虑是一个合理的目标，消除焦虑却不是。如果你的目标是要消除焦虑，那你必将失败。焦虑是人类经验的一部分——事实上，你并不会真的想把它从生活中完全消除。正如下面我要提到的，焦虑具有适应性并具有一些关键作用。关键是你怎样通过自我调节、理解和接纳来控制你的焦虑。试图在生活中完全消除焦虑只会让你感到沮丧和挫败。

什么是焦虑

担心、压力、紧张、神经质、害怕、不安、忧虑以及惊恐不安、忧心如焚、坐立不安都可以用来形容焦虑，然而，这些词语并不能与焦虑完全互换。尽管不同学派对焦虑的定义各不相同，但总的来说，焦虑通常被视为一种混杂着不安、担忧和恐惧情绪的不愉快体验。焦虑往往让人明显感到担忧和不安，这种不安感的原因是隐藏的或难以描述的，而且很难让人无视它的存在。

人们常用三个有代表性的词语来描述焦虑感：担心、恐惧和压力。担心是由于我们总是想太多，担心本身并不是一个大问题，毕竟生活中很难一天到晚没有任何需要担心的事情。但就像在大卫的故事中明显看到的，如果焦虑开始渗透到你生活的很多方面，那将会成为一个问题。更重要的是，如果焦虑导致你在情绪、工作、学习或者人际关系方面出现问题，那么是时候对它采取些行动了。再次强调，不时担心账单或者孩子问题一般并不需要引起太多关注，真正需要予以重视的是那些持久地担心很多事情的情况。

恐惧，是最原始的焦虑形式，是面对已知或者可疑的威胁时产生的一种情绪反应。就像罗拉的故事中所描述的那样，它常常通过恐慌表现出来。人们通常认为恐惧是一种原始情绪，因为它在人类进化中起着重要的作用。事实上，它在当代社会仍然发挥着重要作用，尽管原因略显不同。后面的章节中我们将会提到，恐惧和恐慌是人体警告系统，帮助人们在面临自身和他人安全威胁时做出快速而重要的决定。在一些情况下，实际上并没有真正的威胁，人们的警告系统出现故障而发出预警，这会让人们感到尴尬以及身心疲惫。

人们通常用"压力"来形容几乎所有心理上和身体上的不愉快体验，即当生活的要求超出了人们觉得自己可承受或者应该被要求承受的范围时所产生的身体和心理体验。如果你不相信，接下来的几天你可以尝试着听一下周围：有多少次人们在谈论他们的工作、学习、父母身份、财务、健康、婚姻、友情、交通和噪声时提及倍感压力。在当今文化中，压力已经成为一个包罗万象的词语，它是各种形式的焦虑、精疲力竭、身心痛苦的大杂烩，还包括了一些其他元素，但总的来说压力仍属于焦虑谱系。

因此，如果我对焦虑的不同描述和定义让你感到疑惑，放轻松点儿。在本书中，我会用"焦虑"这个术语来描述担心、压力、恐惧、恐慌等，我所描述的机制对它们同等适用。当然，如果一些细微差别影响对某个问题的理解，我会告诉你。一定要记住：焦虑是一种复合的身体和心理现象，它在不同的人身上会有不同的表现。而最重要的是，你对它并非无力抵抗。

焦虑的优缺点

有时候，焦虑会受到一些不应有的负面评价。就像酒精、快餐和游戏机一样，大多数事物在适度情况下是无害的——焦虑也不例外。事实上，有些情况下焦虑是有帮助的。就像"金发女郎效应"❶，恰到好处的焦虑可以带来满足。适当的焦虑能够改善身体和心理状态，对抗疲劳并激励人们去做一些他们本可能逃避的事情。焦虑可以通过多样的身体表现在人际交流中发挥重要作用，它可以让别人知道我们感到不安、紧张甚至害

> 有些焦虑是有益的。

---

❶ 金发女郎效应来源于童话故事《金发姑娘和三只熊》，寓意凡事都应有度，依照这一原则行事产生的效应，被称为"金发女郎效应"。——译者注

怕。无需任何语言，它就可以向别人传达"我需要一些空间"或者"我对你正在说的或者做的事情感到不太舒服"的信息。对于一些文化群体中的成员，这种方式会非常正确或有效，因为他们不太愿意向交往密切的社交圈之外的其他人表露关切或情绪。焦虑同样可以把兴趣或者吸引力传达给他人。例如，一个男人每次出现在有魅力的女人或者欢笑的少女周边时，他的声音都会颤抖，他避免与其发生眼神接触，在约会时脸红等。认识到适度焦虑是有益的并不困难，问题是很难量化什么是适度的焦虑。对你而言最佳的焦虑程度可能对其他人来说已经是灭顶之灾了。无论如何，如果你能很好地平衡，焦虑就会是个好东西。

那么，在什么情况下焦虑会成为问题呢？视情况而定。就像我前面讲到的，焦虑是我们文化的一部分。如果你未曾经历过至少一次轻微的焦虑，那么你可能

> 如果焦虑对你的生活、学习和工作造成持续和严重的困扰，那么它很可能已经成为问题！

要为自己为什么没经历过焦虑而焦虑！但是，一个普遍的经验法则是，如果焦虑对你生活的主要领域（家庭、工作、社会关系）造成持续和严重的困扰，那么它很可能已经成为问题。

至于什么是"严重困扰"，这因人而异。人们应对不同类型和不同程度的焦虑和压力的反应各不相同。打个比方，如果老师担心学生下个月能否达到学校的评价标准而有几天睡不好觉，那么这更像是一个暂时的麻烦事儿。但是，如果还是这个老师，焦虑对她造成了持续的睡眠困扰，甚至导致她因上班迟到而被记过

处理，又或者说她变得易怒，使得她和丈夫之间的争吵增加——在这种情况下，焦虑就变成了"可能需要被解决的问题"。这并不意味着她是"病态的""生病的"或者"疯狂的"，这只是意味着她需要一些额外的帮助来应对生活中的日常挑战，这种帮助可以是和咨询师、朋友、家庭成员或者其他信任的人谈话，每周出去散散步，或者读一些与本书类似的自助书籍。

问题有多严重

既然你已经知道焦虑几乎会影响每一个人，你可能会猜想我们中有多少人会发展为真正的精神障碍。美国国家心理健康研究中心的数据显示，将近18%的美国成年人在过去的一年中患过焦虑症[1]。这意味着大约4000万人的焦虑程度已经达到了需要专业干预的地步。然而在这4000万人中，只有约1500万人真正去寻求治疗[2]。这意味着绝

> 将近18%的美国成年人在过去的一年中患过焦虑症。

[1] National Institute of Mental Health. (n.d.). *The numbers count: Mental disorders in America.* Retrieved from https://www.nimh.nih.gov/health/statistics/index.shtml#Anxiety.

[2] Kessler, R. C., Chiu, W. T., Demler, O., & Walters, E. E. (2005). Prevalence, severity, and comorbidity of 12-month DSM-IV disorders in the National Comorbidity Survey Replication (NCS-R). *Archives of General Psychiatry, 62*, 617-27. doi:0.1001/archpsyc.62.6.617.

大多数人在没有心理治疗或药物治疗帮助的情况下处理自己的焦虑。这个信息可能是好消息也可能是坏消息，取决于你如何看待它。愤世嫉俗的人会说，我们身边有数百万人烦恼苦闷却得不到帮助，乐观主义者则可能会说，人们的心理是有高度弹性的，甚至可以依靠他们的个人资源来应对高程度的痛苦。我倾向于认同后者：我们中的大多数人，无论是否意识到，已经在通过各种技术来管理自己的压力。这本书会帮助你识别和完善那些已经在用的技术，并为你提供一些其他的解决途径。

如何诊断焦虑

如果你请心理健康专家评估你的焦虑，很有可能你会得到一个正式的诊断，也许不止一个。《精神障碍诊断与统计手册》（The diagnostic and statistical manual of mental disorders，简称 DSM）是美国精神医学学会的出版物，常被称为"精神病学圣经"（最新版本是第五版DSM-5）❶。DSM中包含了几种不同的与焦虑相关的疾病，并为每一种疾病提供了诊断标准和相应编码。心理健康专家之所以依赖于这些精神病学的诊断标准有以下几个原因：首先，诊断标准使得专业人员之间能够互相沟

---

❶ American Psychiatric Association. (2013). *Diagnostic and statistical manual of mental disorders* (5th ed.). Arlington, VA: American Psychiatric Publishing.

通——举个例子，如果一个人在看了某位医生之后又换了一位医生，理论上来说，旧大夫的诊断会为新大夫提供有关该患者精神健康状况的一般信息；其次，诊断有助于科学家对某一特定人群进行研究，或者更恰当地说，对症状进行研究，这会有助于确定哪种治疗方式对这些疾病最有效。

我之所以提到DSM，是因为我认为一个人有必要了解心理健康专家的诊断惯例。关于DSM尤其是DSM-5的有效性、可靠性、动机和伦理问题仍存在着广泛争论：一些批评者认为用DSM进行诊断，使得一些正常应对压力的反应被病态化（给没有得病的人们贴上生病的标签）了，并把人们归于狭义和没有明确界定的类别中去；支持者则认为，DSM的主要目的在于促进精神病学的发展，一直以来，这一专业主要通过药物来治疗精神疾病❶❷。事实上，行业和制药公司有巨大的经济动机来使药物治疗成为治疗精神疾病的首选。然而，就像生活中的大多数事情一样，真相很可能介于两者之间❸。

话虽如此，最重要的是要记住尽管你的症状看起来可能和别人相似，但你和别人的体验并不一定完全相同。因此，你们不应

---

❶ Kinderman, P. (2013, January 17). Grief and anxiety are not mental illnesses. *BBC News: Health.* Retrieved from www.bbc.co.uk/news/health-20986796.

❷ Jayson, S. (2013, May 12). Book blasts new version of psychiatry's bible, the *DSM. USA Today.* Retrieved from www.usatoday.com/story/news/nation/ 2013/05/12/ dsm-psychiatry-mental-disorders/ 2150819/.

❸ For more information about the DSM debate, read the *Psychology Today* blog post "*DSM-5* in Distress," by former *DSM* task force chair, Allen Frances, MD: www.psychologytoday.com/blog/dsm5-in-distress.

该被视为完全一样并接受同样的治疗。你是你自己的专家，你知道什么对你最有效，不要让任何人说服你相信其他言论。本书为你准备了"主要焦虑障碍列表"作为参考。

主要焦虑障碍列表

· 广泛性焦虑症（GAD）的特点是对日常生活事件表现出过度和无法控制的担心，患有广泛性焦虑的人往往担心财务、健康、家庭、工作、未来等无数事情。

· 惊恐障碍表现为反复出现的惊恐发作，是一种短暂而强烈的惊恐体验，常伴随多种躯体症状，如心跳加速、出汗和颤抖。虽然看上去似乎有一些特别的威胁要出现，但其实并没有明显的诱因导致这些症状出现。

· 广场恐惧症的特点是患者害怕自己"无处可逃"。人们强烈担心自己在公开场合会"失控""行为反常"或"发疯"并且无法逃脱。因此，这些人会避免出现在公共场合，甚至只能天天宅在家里。

· 特定恐惧症是对特定事物或场景产生过度的焦虑和害怕。当事人会不惜一切代价避开恐惧对象或场景，以此来抵御相关的痛苦。常见的例子包括害怕坐飞机，恐高，害怕蛇、蜘蛛、血液或者打针。

· 强迫症（OCD）的特点是感受到反复的、持续的、侵入性的想法，这些想法会引起人的不适感、焦虑以及强迫行为（反复洗手、计数、检查）。个体通过重复的想法和行为来减少不适，虽然竭力克制，却无法摆脱。

· 创伤后应激障碍（PTSD）是在经历强奸、战斗或目睹对他人的伤害等创伤事件后发生的。PTSD的症状包括通过噩梦重新体验创伤事件、持续回避创伤相关刺激、睡眠障碍、容易受到惊吓等。

> ·社交恐惧症也被称为社交焦虑症，是指由于担心自己可能被他人审视或评价而产生持续的或者过度的恐惧。一般来说，当事人会强烈担心自己会在别人面前尴尬。

焦虑从何而来，又为什么会持续

如果你希望找到一个让你焦虑的单纯的原因，恐怕结果会让你失望。这是因为焦虑是很多因素造成的，没有哪种基因、生活经验或者神经化学物质可以完全解释焦虑。实际上，焦虑是在生物因素、环境因素和心理因素的共同作用下产生的。

◎ 生物因素

很容易理解，焦虑和人们的生理机能紧密相关。几千年前，我们冒着各样的风险徒步穿越这个几乎未被开发的星球，我们和那些饥饿又凶猛的动物、不友好的人类同胞一起分享空间，

> 没有哪种单一的基因、生活经验或者神经化学物质可以解释焦虑的产生。

即使对于准备充足的当代徒步者来说仍会觉得压力巨大。如果没有内部预警系统的存在，早期人类很可能会面临灭绝。幸运的是，人们发展出了战斗—逃跑系统。

战斗—逃跑系统是一个极度复杂、高度敏感和精确平衡的

生物系统。在一连串化学和物理脉冲的刺激下，我们的身体面对感知到的威胁时，会为两种反应中的一种做出准备：抵御威胁或逃跑。当威胁发生时，各种自适应过程就会发生：心脏更快地将血液输送到肌肉，从而为其决斗到底或者迅速离开增加营养供应；我们的视野会缩小，以便更好地关注威胁而不被周围不重要的刺激分心；呼吸会加深加快，以便能够为系统提供更多的氧气。一旦威胁消失，或者至少我们认为威胁消失的时候，相反的过程就会发生，机体重新恢复平衡。

战斗—逃跑系统已经被编码到人类的基因中并且一代代传递下来。不幸的是，这个"生物软件"在当代世界却没有得到及时更新：对于一些人来说，这个预警系统在没有真正威胁（比如在动物园的玻璃后面观察蛇的时候）或者完全没有任何明显原因时会突然启动。我们会在第八章中更加深入和详细地讨论战斗—逃跑系统。

我们的大脑结构以及保持其正常功能的化学物质在焦虑的发生中同样发挥着重要作用。γ-氨基丁酸（GABA）是大脑中重要的抑制性神经递质，决定了我们的兴奋和放松水平——γ-氨基丁酸缺乏会导致焦虑，过量则会导致过度放松。其他与焦虑相关的重要化学物质包括5-羟色胺和去甲肾上腺素，这些都是用药物治疗焦虑时的目标化学物质。

杏仁核是大脑中负责记忆的结构之一，尤其是对情绪的记忆。当你面临害怕的情境时，无论你是否愿意，杏仁核都会把这个事件进行存储以供将来使用。蓝斑是另一个和焦虑相关的大脑结构，除了参与睡眠，它在压力和恐慌的发展和维持中发挥着关键作用。

如果你看到这儿正在想："作者肯定对焦虑的神经机制没什么好说的。"那是因为我故意保持简短。以我的经验来看，焦虑的人大都对这个话题毫无兴趣。但是如果你想更多地了解大脑是如何影响焦虑的，你可以访问大脑和行为研究基金会，网址是https://www.bbrfoundation.org/anxiety。

◎ 环境因素

有句老话说得好，"人是环境的产物"。就像大脑结构或者化学物质影响你一样，你现在的样子与你在家庭、学校和朋友中的早期经验密切相关。以养育子女为例，过于严格或者过度保护的父母会在不经意间给孩子制造焦虑。那些在父母一方或者双方情绪不稳定的家庭中成长的孩子，总是小心翼翼的，生怕不经意导致下一次的爆发；还有一种家庭之外的早期经验，一再被其他孩子欺负的孩子们学会了把世界看作一个充满敌意和危险的地方；有完美主义倾向的老师或者其他权威人物做出了强迫行为的表率，并常常设置几乎不可能达到的期待。而可能出现在家庭内外的儿童虐待和创伤，会从情感上摧残儿童，所有的这些都会延续到成年期，并可以导致个体终生的焦虑。

你现在所处的环境也会导致焦虑。如果你的工作马上就到截止日期或出现资金问题，你很可能会焦虑；如果你的亲密关系危在旦夕或者你担心永远找不到那个"正确的"人，你可能会焦虑；如果你正照顾生病的父母或者孩子，你也可能会焦虑……我还可以继续写下去，但是我主要是想说，生活时常会抛出人际关系、工作、家庭或者社会难题来困扰你，每一个都不同程度地增加了你的焦虑。如果不能够从长期的压力中获得休息，你就会身心俱疲。

◎ 心理因素

与焦虑相关的心理因素相对简单：你感知、解释和评价人、情境和事件的方式，会很大程度上影响你的焦虑感受。比如说，结束了一天工作的两位母亲回到了家里，她们都收

> 你如何感知、解释和评价周围的人、情境和事件等都会影响你的焦虑。

到了语音留言："我是史密斯夫人，约翰尼学校的老师，方便时请回电话，我想和你谈谈你儿子的事情。"因为知道儿子在学校学习非常努力，第一位母亲非常开心，她坚信史密斯老师一定会夸奖儿子在学校的表现。另一位母亲则立刻紧张害怕起来，她相信老师来电话的唯一原因只可能是告诉她儿子成绩又下降了，或者更糟糕的是儿子要被留级了。

正如你所看到的，同样的情境会引发两种不同的情绪反应，差异在于妈妈们怎样解读她们所获得的有限信息。一位母亲以积极的态度读取信息，而另一位则采取消极态度：这两种结

> 焦虑具有一定的适应性。

果都与妈妈们思考情境的方式有关。但是，公平起见，我们仍

需要强调焦虑可以是适应性的——第二位妈妈直觉性的焦虑暗示我们，她的儿子有可能成绩下降，她需要对他的学习保持持续的关注。

与上面的例子相关的另一个概念是认知歪曲。简单地说，认知歪曲是指没有任何证据支持的情况下产生的夸大的想法。认知歪曲使我们在一些事情未必真实的情况下坚信其存在，是我们过去经验、当下情境和个性的产物，也不排除会有一些生物因素的影响。认知歪曲是一种持续终生的思维方式，非常难以改变。这些歪曲的认知方式与我们的感受和行为相关，很多直接影响了焦虑的形成和维持。我会在第一章中详细讨论认知歪曲。

本书为谁而写

所有人都要应对压力和焦虑，这是我们进化和文化的一部分，我们都会有段时间感到自己的压力和焦虑水平剧增。从这个意义上讲，这本书是为每个人而写，并不是每个人都能够清楚地了解焦虑是怎样、何时以及为什么成为一个问题的。这本书能够帮助你了解很多可用的技术，以应对这个正常存在但有时带来困扰的情绪状态。

本书聚焦于成人焦虑。如果你关心的是一个在焦虑中挣扎的孩子，这本书中的一些信息会很有用，另一些信息则关系不大。如果想得到更多和儿童焦虑相关的信息，我推荐读艾伦·布拉登的《如何为你的孩子寻求心理健康护理》❶。同样地，假如你是老年人或者正考虑为你的老年朋友购买这本书，你应该知道与衰老相关（比如退休、记忆丧失、老年痴呆症、身体受限、失去同伴和亲人去世）的焦虑并没有在本书案例中体现，如果需要，美国心理健康协会（APA）老年人公益办公室有专门针对老年人焦虑的相关信息可供查询（网址：https://www.apa.org/pi/aging/index.aspx）。

这本书有什么不同

走进任何一家书店，你都能够在短时间内找到类目繁多的自助书籍，这些书充斥着各种承诺：14天让你摆脱抑郁、谈恋爱三十六计甚至如何在家戒毒。在当今快节奏、立即满足的文化中，我们想要简单、快速、轻松地获得所有的东西。但是，这种方式并不总会有效，尤其是当处理严重的焦虑、抑郁或者其他可能困扰我们的事情时尤为如此。别误会，很多自助书里的建议是有用的，问题是很多人只读了一遍，当下得到一些缓解，然后就把书放在书架上再也不去阅读它们。一段时间以后，当最初产生的积极效果消失时，这些人就会因为他们仍有

---

❶ Braaten, E. B. (2010). *How to find mental health care for your child.* Wash－ington, DC: American Psychological Association.

问题没有得到解决而沮丧。

这本书会帮你清晰地了解焦虑是什么，是怎样发生的，了解这些对于改变的发生很重要。但这还不够，知识本身很难产生新行为、减少痛苦或形成新的人生观，只有当知识和具体可靠的改变方法相结合的时候，你的生活才会改善。本书聚焦于后者，理论讲解的同时提供切实可行的心理学技巧和建议。最后，本书将引导你去发现这样一个事实：焦虑是正常的、可预期的，而且往往是适应性的。

本书是如何组织的

本书共分为11个章节，前7个章节带你了解各种焦虑应对策略，这些策略分别聚焦于意识、躯体和环境。后面的章节针对引起害怕和恐慌的具体事件提供针对性的信息。

·第一章：探讨思维方式在产生和维持焦虑的过程中所发挥的重要作用，并提供一系列行之有效的策略来改变你产生焦虑的思维模式。

·第二章：介绍一些你能够使用的简单技巧，比如停止思考和分心，来管理过度的焦虑。

·第三章：正念的艺术——不带批判地接受自己的想法和感受，以及如何用正念练习来管理焦虑。

·第四章：对比身体和机器，强调日常维护和保养对保证身体正常运行的作用。

·第五章：讨论运动。运动是缓解焦虑的最古老和最有效的方法之一。

·第六章：详细介绍各种放松练习。

·第七章：讨论当代社会快速的生活节奏如何导致了人的精神压力，并提供了一些改善生活氛围的建议。

·第八章和第九章：如何管理与害怕及恐慌相关的想法。

·第十章：详细解答了什么情况下需要寻求专业帮助，第一次与心理健康专家面谈需要做哪些准备，你应该寻求心理治疗还是药物治疗等问题。

·第十一章：列出了一年的建议和名言来帮助你在此期间专注于管理焦虑这一目标。

从这本书中获得的最大收益

是的，这是一本自助书，它的目的是给你提供管理焦虑的信息、建议和策略。然而这并不是那种"如果你按照第一步、第二步……来做，然后你就被治愈了"的自助书。首先，你不需要"治愈"你的焦虑；其次，即使你想要治愈，单单读一本书也是不够的。如果你能在生活中尝试本书的建议，你就会从这本书中得到最大的收益。我不建议你一次性完成这本书里面的所有检查清单、日志和计划——那样的话会过于繁重。试着采用循序渐进的方式，每次只尝试一种技巧或者应对方式，如果它生效了，再尝试下一个；如果失败了，先试试其他的再返回来试这个困难的——当你第二次尝试的时候它可能会变得简单一些。把这本书放在你的床头柜或餐桌上，或者放在你的工作包或背包里。这是你生活中的工具，不是读一次就永远搁置一边的东西。

怎样使用这本书

在读完本书简介以后，你可以随意跳读那些你觉得更感兴趣和有用的章节。但是，我建议在这样做之前先按照顺序浏览全书。这样你有可能在本来要跳过的章节中发现有用的建议和工具。为了使你的焦虑管理成效最大化，我建议你认真阅读每一章节，保证在寻求缓解焦虑之法的过程中没遗漏掉可能的解决方法。

希望这本书能帮到你。记住，焦虑在一定程度上造就了今天的我们，忽略焦虑就是忽略我们心理构成的一个核心方面。但是，如果在困难时期不加以管理，焦虑有可能会严重损害我们的身心健康。不存在什么绝密的技巧或者魔术能消除你的焦虑，就像我前面已经提到过的，即使可以，你也不会愿意完全消除焦虑。所以，坐下来，以一种舒服的节奏阅读此书，记住最重要的是放松。

目
Contents
录

第一章 我没办法控制自己大脑的工作方式吗

我们创造世界的过程正是我们如何思考的过程，要想改变世界，必须先改变我们的思想。

——爱因斯坦

希腊哲学家爱比克泰德曾说："重要的不是发生了什么，而是你对事件的反应。"他不会知道，他的言论强调了当代心理治疗，特别是认知疗法的重要原则：无论生活带给你怎样的挑战，你都能控制自己的想法、感受和行为。

> 你能够控制自己的想法、感受和行为。

认知疗法是当今最广泛和最流行的一种心理治疗方法。它的理论基础来源于对爱比克泰德名言的轻微改动——重要的是你对事情的看法而非事情本身。本质上说，你对事件或者情境的看法会影响你对它的感受，这又反过来会影响你的行为。下面这张图能够帮助你更好地了解这一观点。

重要的是你对事情的看法而非事情本身

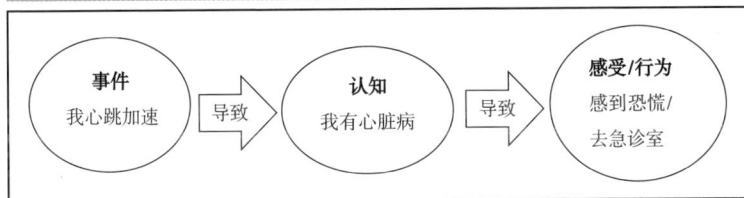

事件
我心跳加速
→ 导致 →
认知
我有心脏病
→ 导致 →
感受/行为
感到恐慌/
去急诊室

回忆一下在前面引言中提到的两位母亲，她们都收到了来自儿子老师的同样的电话："我是史密斯夫人，约翰尼学校的老师，方便时请回电，我想和您聊聊关于你儿子的事情。"两位妈妈都收到了相同的信息，但是其中一个变得不安（我儿子考砸了），另一位母亲变得兴奋（老师已经注意到我儿子在刻苦学习了）。两位母亲的不同反应与她们对自己说的话直接相关。这种"自我对话"同样会影响她们的行动。不安的妈妈可能会尽可能避免给老师回电话，或者她可能给校长打电话，抱怨儿子的问题是因为老师缺乏经验造成的。兴奋的妈妈则会一直感谢老师对儿子的关注并夸耀他为了提高成绩付出了多少努力。请注意，我们并不知道真实的情况或处境，我们只知道妈妈们的解释。

认知疗法在心理咨询师和来访者中很受欢迎，因为它是一种可操作性强、相对快速、以解决方案为导向解决生活中的问题的方式。这种治疗方法与人们对心理治疗的传统认识形成鲜明对比，在传统认识中，人们普遍认为心理治疗耗时数年，你需要花费无数时间躺在躺椅上，精神派咨询师则分析你的每一条陈述和想法。认知疗法咨询师通过教授如何修正功能失调的信念和歪曲的认知方式，帮助来访者学会以更积极的方式思考、感受和反应。这一过程的一个关键组成部分是分辨和修正认知歪曲（也被称为认知错误）。认知歪曲往往毫无用处而且常常是一些不准确的自我贬低的想法或者自我陈述，这个过程发生在意识之外。认知歪曲在你无意识的情况下自动发生，这些自动的想法往往并非基于事实，你却信以为真。它们常常导致包括焦虑在内的各种心理问题，并且很难改变。与焦虑密切相关的两种常见的认知歪曲分别是灾难化（预感最坏的结果发生）和过度概括化（因为一些事情在某种情境下发生，所以这些事情会在所有的情境中发生）。

认知歪曲和焦虑之间的关系简单而且容易理解。如果你认为世界和他人都是危险的，那么你会变得焦虑；如果你认为自己是虚弱的、毫无招架之力的或者自身不足的，那么你会感到焦虑；如果你会片面地夸大事情的后果，而且往往想象的比实际可能会发生的更糟糕，那么你会焦虑。因此，如果想要降低你的焦虑，你需要开始以不同的方式思考。从这本书开始你将会训练自己以一种更为现实的方式去思考。你可以通过辨别和对抗那些让你感到焦虑的想法来降低焦虑。继续学习吧！

认知歪曲是怎么发生的

认知歪曲通常发生在童年时期。当你还是一个孩子的时候，你尽最大努力去理解你所处的那个巨大的、混乱的和困难的世界，这很正常。问题是你在这个世界上的经验是有限的，你的假设很天真，你误解了情境、事件以及他人做出的行为，你贸然下结论或者把本来没关系的事件归于因果关系。这并不是你的错——童年时的你并不能找到更好的解决方式。但这并不是全部，你也从你的父母、老师、兄弟姐妹、同伴和生活中的重要他人那里学到了同样的东西。你把这些经验从童年期带到了成年期。下面我们以布琳达为例说明认知歪曲的发生。

布琳达在一个混乱的家庭中长大。她的父亲酗酒，母亲饱受抑郁和焦虑折磨，父母经常吵架。在很小的时候，布琳达注意到似乎父母只有在她也在场的时候才会吵架。因此，她获得了一种信念，那就是父母是因为她才吵架的。"一定是因为我或者我做错了什么，才导致他们对彼此那么愤怒"，布琳达想。对此她坚信自己有着确凿的证据：只要她从学校回到家，她就会发现他们在争吵；而她在学校的时候从来没听说过他们吵架，当他们的朋友来家看望的时候，他们似乎也没有吵架。

布琳达还形成了一种信念：他人是不可预测的，最好是小心翼翼地活着，因为你永远没办法分辨什么东西会让别人感到不安。布琳达清楚地记得支持她这一信念的一个例子：一个周六的下午，她在下暴雨时把三轮车忘在了园子里。布琳达的妈妈非常愤怒，她一遍遍地指责布琳达是如此的不负责任、愚蠢、粗心。然而就在几天前，布琳达意外打碎了妈妈非常珍贵的瓷器——在此之前妈妈每周都会叮嘱她不要去碰那只瓷器。但当时她的妈妈除了"哦，那只瓷器被打碎了"之外，什么也没说。于是，这次的指责让布琳达感到非常疑惑——为什么妈妈两次态度差异如此之大？"每个人肯定都是这样难以捉摸"，布琳达想。

我们都能明显感受到布琳达童年时的逻辑存在缺陷，但她并未意识到，并在成年后仍然坚持这种逻辑。这对她的婚姻和她的孩子们有着深远的影响。每当她和丈夫发生争执的时候，她总是觉得是自己错了。即使是小小的分歧，她也会感到胃疼，因为她知道她有一些固有的毛病，很容易让别人感到不安。对她的孩子们来说也是这样，任何的不同意见都会让她觉得某种程度上是自己不对。她也是一个神经过敏的人，不知道下一次的家庭战争会什么时候爆发。她的过往经验教给她，试图找出人们每天的行为方式是没有意义的。她讨厌这样的生活。

布琳达的例子展示了认知歪曲是如何在童年期形成并作用于他们成年期的。如果这些歪曲的认知一直没有受到质疑，它们会导致巨大的情绪混乱。

常见的认知歪曲

精神病学家阿朗·贝克❶首先提出了认知歪曲这一概念，精神病学家戴维·伯恩斯❷让这一概念广泛流传，而心理学家

---

❶ Beck, A. T. (1976). *Cognitive therapies and emotional disorders.* New York, NY: New American Library.

❷ Burns, D. D. (1980). *Feeling good: The new mood therapy.* New York, NY: New American Library.

朱迪斯·贝克❶扩展了这一概念的含义。认知歪曲这个概念并不是纯理论的，许多研究都清楚地记录了认知歪曲广泛存在于焦虑、抑郁、药物滥用以及其他大量的有心理问题的人群中。事实上，我们经常会使用这些认知歪曲中的一个或者多个。认知歪曲是否会造成痛苦体验取决于人们对这些认知的使用程度以及对其真实性的相信程度。接下来我会讲9种常见的认知歪曲，并为每一种认知歪曲提供真实案例和典型的自我陈述。当你阅读这个部分的时候，请注意其中的某些认知歪曲是怎样相似和互相重叠的。你可能需要反复阅读几次来理解它们中的微妙差异。阅读它们同样有助于你思考自己的例子和自我陈述。

◎ 灾难化思维

沉迷于使用灾难化思维的人相信无论情况如何，都会发生最坏的结果。灾难化也常被称

> 灾难化思维在惊恐发作的人群中非常普遍。

为"预言家"，强调一个人在某种程度上具备预测未来事件的能力。灾难化思维在惊恐发作的人群中非常普遍，不断陷入灾难化思维的人们常常被人认为是戏剧性的、高度情绪化的、害怕的。

灾难化思维的例子是这样的：韦恩在房地产经纪人考试中失败后变得心烦意乱，他开始坚信自己没有能力成为一个房地

❶ Beck, J. S. (1995). *Cognitive behavior therapy: Basics and beyond.* New York, NY: Guilford Press.

产经纪人。尽管他可以多次参加考试，但是他确信自己已经陷入了困境。所以，韦恩常常彻夜难眠，翻来覆去地考虑自己的职业生涯。尽管他已经数年没有经历过惊恐发作了，他开始担心它会再次发生。他即将放弃自己成为房地产经纪人的梦想并回到自己讨厌的工作中去，生活变得令他难以忍受。

韦恩灾难化思维发生的时候，其自我陈述是："如果我不能成为一个成功的人会怎样？""如果我再次参加考试又失败了怎么办？"以及"我让家人失望了，永远不能像我想的那样供养家人了。"

◎ 过度概括化

当一个人把一件事、一种行为或一段信息看作是一种持续的、永无止境的模式的证据时，就会出现过度概括化。这种思维潜在的信念是，如果坏事发生一次，那么它肯定会再次发生。过度概括的人通常被认为是"杞人忧天者"和悲观主义者。

基斯的想法是个很好的案例，他在向老板汇报一项重要工作的时候有几句话说结巴了，这是他第一次出现这种情况。在这次汇报结束后，他回到办公室并反复思考发生这一切的原因和过程。尽管并没有人说什么，但他坚信在他离开会议室后同事们一定在嘲笑他。之后的几天他开始坚信在下周的汇报中他又会重蹈覆辙。他的焦虑与日俱增，甚至有几次到了轻微的惊恐发作的地步。

基斯的自我陈述包括"下周的会议比这次可重要多了，我肯定会搞砸的""上司会把我解雇的"以及"我只知道我走出去的时候他们在嘲笑我"。

◎ 非黑即白的思维方式

这种思维方式也被叫作"极端化思维"或者"全或无的思维"，这种认知歪曲的基础是认为凡事是非此即彼的，没有灰色的阴影地带。在这种思维里，非对即错，非左即右，非黑即白，一个人要么完全成功要么彻底失败。采用这种思维方式的人总是拘泥于解决问题的方式，因而常常给自己带来麻烦。他们常常被人认为是固执、刻板和难以变通的。

举个例子，马修最近遇到了一个很好的女人，这个女人满足了自己对于未来配偶所有的期待……只有一点除外，他认为自己只能和一个从大学毕业的女人结婚，而她并没有。尽管她很聪明、有魅力、特别有趣而且是一个成功的零售商经理，但是马修没办法接受她不是个大学毕业生这一事实。对于马修来说，自己的这个要求完全没有商量的余地。他开始担心自己是不是永远没办法找到一个最合适的女人和自己共度余生。

马修的自我陈述包括"我必须找一个大学毕业的女人结婚""我必须找一个能够满足我所有要求的女人""我不会满足于任何不完美的事情"以及"我命中注定会孤身一人，因为我的标准太高了"。

◎ 个人化

个人化是指把别人消极的行动、评论、想法和举止都归咎于自己做过或者没做过的事情上。沉溺于个人化的个体常常把他们无法控制的一些事情的发生归咎于自己。这些人往往被周围人认为是自我中心的、神经质的而且是低自尊的。

举例来说，塔拉刚刚搬到了新住处，特别想见见新人，认识新朋友。上周在一个聚会上她认识了艾瑞克，他们分享了很多相似的兴趣爱好并有着相似的背景，包括在相同的小学读书。在塔拉看来，这次会面非常顺利，她相信自己在新环境中已经交到了第一个朋友。然而，她之后给艾瑞克打了几次电话他都没有回应。塔拉开始因为对方没有回电话而指责自己，她开始担心自己未来没有朋友并且孤独终老。她变得害怕结识新朋友，以至于她停止参加社交活动并拒绝和工作中的潜在朋友交流。

塔拉的自我陈述包括"一定是因为我太迫不及待地想和他交朋友，让他感到压力了""我肯定说了什么冒犯他的话"以及"我永远不可能交到新朋友，这辈子都要孤身一人了"。

◎ 过滤

过滤是一种专注于消极因素的同时忽视积极因素的心理过程。即使积极因素远远超过了消极因素，当事人仍然倾向于用最悲观的一面来蒙蔽自己的双眼，想用再多的证据说服当事人都无济于事。沉溺于使用"过滤"这一思维方式的人通常被认为自我要求过于严苛。

以雅各布为例，他过去7年一直是公司的优秀员工，最近的工作表现也很好。因为他能力强、工作努力、沟通流畅、非常专业而且灵活变通，他的绩效成绩非常优秀。但是，雅各布无法忘记他上司的一句评论，上司建议他更主动地选择一些更为复杂的项目。雅各布确信上司对他的表现不满意，要不然为什么他要提出这样的建议？雅各布非常害怕自己会被裁员并有意识地避开他的老板。他寝食难安，一直在思考如果自己丢了工作怎样供养一家老小。他特别害怕自己被裁，不得不通过饮酒来应对自己的焦虑情绪。

雅各布的自我陈述："我知道自己不擅长这份工作""被裁仅仅是时间问题"以及"我永远不会成为公司合伙人"。

◎ 贴标签

贴标签是严重过度概括化的一种形式。当坏事情发生的时候，个体会给自己和他人贴狭隘的、毋庸置疑的、全局的标签。在人们眼中，一个沉溺于贴标签的人往往是愤怒的、尖酸的和有偏见的。这些人总是担心他人的行为，并对任何个人缺点都特别敏感。

举个例子，詹妮弗一直为自己是一个虔诚的基督徒而自豪。她从来不会错过教堂的礼拜而且定期在教堂的托儿所做志愿者。她注意到晨祷时经常坐在她前面的那位女士并没有始终如一地参加。詹妮弗相信教堂里有太多人是伪君子，没有按照他们应该的方式生活。她对这位女士的缺席感到愤怒，而当她想到为什么自己对人这么严厉时，她的愤怒转变为悲伤。之后她对自己的虚伪感到焦虑，因为她没有按照自己设置的理想的价值观生活。她还担心自己挑剔的态度会被别人察觉到，于是她再也不去教堂了。

詹妮弗的内心陈述："人们都是伪君子。""我没有按照自己的标准生活，真是个失败的人。"以及"上帝会因为我的想法而惩罚我。"

◎ 读心术

除了预言未来，一些人相信自己有读心术的天赋。正如这个词所暗示的，读心术是指一种你相信自己知道别人在想什么的信念。想想看，你曾经多少次跟别人说"我知道你怎么想的"？说不定今天你就已经至少说了一次了。而事实是，我们并不拥有这样的神奇能力。有这种认知歪曲的人往往缺乏耐心，举止傲慢。

以约瑟夫为例，他和妻子的性生活一直很和谐。然而，他注意到最近6个月以来他们只亲密过几次。他不太确定这种改变背后的原因，他猜测妻子不再爱他或者不再觉得自己有吸引力。他想知道她是否在密谋离开他还是已经爱上了另一个男人。他开始变得神经崩溃，反复在脑海里琢磨各种可能性。他无法专心工作，忽略了孩子，情绪激动地离开了妻子。

约瑟夫的内心陈述是："我知道她怎么想的。""我知道她要干什么。""她别想骗我。"以及"她肯定认为我很愚蠢。"

◎ 必须、应该

使用"必须""应该"这样的自我陈述的人对事物的认知往往视野狭窄而且僵化。他们的期待很高，经常使用"非此即彼"这样的思考方式，有这种认知歪曲的人很容易使自己陷入困境。举个例子，诸如"我今年应该比去年赚更多的钱"和"下棋的时候必须赢哥哥"这样的想法没有给犯错误留下足够的空间。因此，总想要做得更多、更好的自我要求会加重他们的焦虑。有这样认知歪曲的人往往被视为是成功者和忧虑者。

"必须、应该"的例子是这样的，艾希礼一直是一个努力工作的人，她把这归因于她的童年。她的父母（都很成功）对她寄予厚望。3年前艾希礼从法学院毕业，2年前结婚，4个月前她有了第一个宝宝，她为平衡工作和家庭感到压力重重。她曾经想过缩短上班时间，丈夫也同意这个提议。但是，她觉得有必要在照顾家庭的同时继续全职工作。她听母亲说，一个女人应该能同时兼顾家庭和事业，母亲也是这样做的，所以为什么自己就做不到呢？艾希礼觉得她必须追随母亲的做法。她感到压力越来越大，害怕自己成为一个失败的律师或者母亲。她开始惊恐发作并且再也不愿意走出家门。

艾希礼的自我陈述包括"我应该能做到这一切""我必须完美无缺""我应该把自己的工作和家庭置于健康之上"以及"我必须成功，否则就是个失败者"。

◎ 控制谬误

使用控制谬误的人往往把自己的错误或者缺点以及不足归咎于别人。他通常把自己看成是周围环境的受害者。这些人经常看上去很无助、自我中心而且指责别人。

比如玛丽，她在公司的年会上喝了几杯后驱车回家，结果因酒后驾车被交警拦下并逮捕。玛丽争辩说酒后驾车不是自己的错，她的上司比原定时间更早地结束了聚会，以至于她没时间醒酒。她还争辩说，她的朋友拉玛本来答应载她回家，结果和酒店遇到的一个女孩一起离开了。玛丽感到自己的生活失控了，而她没有能力让境遇变得好一点。她总是担心生活接下来会给她制造什么麻烦。

玛丽的自我陈述包括"我什么也控制不了""我是一个受害者""那不是我的错"以及"其他人应该为我的不幸负责"。

克服认知歪曲

克服认知歪曲的第一步是你能够觉察到自己正在使用它

们。一旦你能够觉察到这些自掘坟墓的想法，你就能够分辨出自己思维中的特定模式并开始纠正它们。你可能会发现自己比别人犯的错误多，有些错误对你的焦虑影响更大。想要觉察自己的思维是如何影响自己的焦虑和行为的，最好的办法是把你的思想记录下来。思想记录或者叫作思想日志，是很简单的一页日志，它可以帮助你回顾引起焦虑的自我陈述、感受、行为、情境以及事件。思想日志同样可以帮助你了解自己使用了哪种类型的歪曲认知：你更容易使用灾难化思维还是读心术？你是过度概括化或者个性化？你是只使用其中一两种认知歪曲还是会使用绝大多数认知歪曲？我提供了一个实例来帮助你开始。

这样使用思想日志：在接下来的一个星期里，每当你感到焦虑的时候，记录下来那些自动发生的消极想法、认知歪曲、相关的感受和行为，以及一个反驳自动想法的现实评价。这样做的目的是提升你对消极自我评价和认知歪曲的觉察，它们可能让你陷入焦虑以及其他的消极情绪。这种思想记录同样能够让你对发生的事情有一个更客观的评价，帮你对事件有一个更清晰的认知，从而减少你的焦虑。

一旦你熟悉了自己常用的认知歪曲类型，就可以开始使用一些基本的技巧来克服它们了。下面有8种简单有效的方式来应对你自我挫败的想法，并帮助你更好地管理自己的焦虑。有些技巧更适用于某种特定的认知歪曲，但是绝大多数技巧可以用于多种类型的认知歪曲。

思想日志					
常见的认知歪曲	发生了什么	自我陈述	感受	行为	现实评价
灾难化 过度概括化 全或无思维 个性化	1.最后期限时尚未完成工作	A.辨别出负性自动思维"我老板要炒我鱿鱼了" B.对照左侧清单,分辨出这种认知歪曲是"灾难化"	害怕的	感觉不舒服、回家	我是一个好员工,我犯了一次错误,但这不是世界末日
过滤 标签化 读心术 应该/必须 控制谬误	2.我的妻子让我多做家务	A.辨别出负性自动思维"我妻子觉得我很懒惰" B.对照左侧清单,分辨出这种认知歪曲是"读心术"	愤怒的、不被赏识的	冲妻子大吼	我的妻子欣赏我工作努力,但她有时和孩子们在一起需要额外的帮助
	3.	A.辨别出负性自动思维: B.对照左侧清单,分辨出这种认知歪曲是:			

◎ "如果"技术

"如果"技术也被称为"去灾难化","如果"技术能够帮助你评估是否过度估计了某种结果的严重性。换句话说,你是否在假设最坏的情况将会发生。通过问这样一些问题你可以真实地面对你的恐惧甚至致力于解决问题，比如"最坏会发生什么？""如果最糟糕的事情发生了，我能做些什么？"从本质上说，通过面对恐惧，你的控制水平会提高，这转而会降低你的焦虑。

这种技巧并不能使问题消失，但却可以帮你认识不同的解决方式并帮助你认识到即使事情可能会很艰难，你也能够挺过来。有时候，我们需要的仅仅是一点现实视角，这个技巧正好可以给你提供这样的视角。为了帮助你掌握这一技巧，看看接下来这个"如果"技巧的日志。这个日志填写起来非常简单：在第一个空格里面写上你所有的恐惧；第二个空格写真实的"如果"陈述；在第三个空格，写出一个真实的评估，即如果害怕的这件事真的发生了你会做什么；最后一个格子写上你对自己评估的信任程度，如果低于5，你的评估可能不太现实。

"如果"技术日志			
恐惧的事件或想法	"如果"表述	你会怎样处理？	信念等级（1~10）
我的丈夫会离开我，我会因此崩溃	如果我丈夫离开我，我会怎样？	我会依赖我的家人和朋友来渡过难关。我可能会重新约会。这可能会很困难，但我能挺过去	8
我的孩子们会因为我离婚而指责我	如果孩子们说父亲的离开是我的错，怎么办？	我会理解孩子们的感受而非生气，因为这只是他们的感受。我会向他们解释，离婚是我和他们父亲之间共同的决定。我会向他们保证父亲会继续在生活中扮演重要的角色	7

◎ 重新归因

有句俗语说得好，"生活处处是归因"。重新归因可以帮助你与他人或者环境分担某个特定

> 很少有什么错误完全是一个人的责任。

问题的责任。这对于那些沉浸于使用个性化（因为他人的消极情绪、想法或者行为而怪罪自己）的人非常有效。与其说"这都是我的错"，不如问问自己"造成今天这种局面的其他原因是什么？"很少有一个人应该为所有的错误负责。此外，在某些情况下人们几乎或者根本无法控制事情的进展。话虽如此，重要的是要记住，这不是盲目的乐观或者天真的尝试，你并不是在假装世界是完美的或者逃避责任；相反，你是在寻找绝大多数生命所处的中间或者灰色地带。很有可能这和你给朋友的建议是一样的，作为旁观者，你可以清楚地看到很多事情并不完全是他的错，他却承担了绝大部分的责任。时不时让自己放松一下。现在来看看重新归因的例子。

重新归因日志		
境况	自我归因陈述	重新归因
我丈夫因为上班没有干净衬衫可以穿很生气	1.如果我是一个好妻子，就应该知道他缺干净衬衫了 2.他生气是我的错，如果他今天喝个烂醉也是我的错	1.他缺少干净衬衫的时候通常会告诉我 2.他需要分担送干洗衣物的责任 3.如果他喝得太多，那是他的选择 4.他生气更多是因为他上司而不是我或者缺少干净衬衫

◎ 质疑证据

人在接受虚构的事实这方面具有不可思议的能力。我们基于猜测、不完整的信息和直觉来假设事情是真实的，而事实却是我们常常得出错误的结论或者形成错误的观点。也就是说，如果我们的感受和行为基于错误的信息，那么就很可能会增加我们的焦虑和压力水平。怎样解决呢？有时候你要做的只是做一个好的侦探。你需要问自己"我的想法是基于事实还是虚构，还是两者兼有之？有什么证据支持我的结论？信息源的可靠性有多高？"不要总认为自己的想法是正确的，而要证明它们是正确的。举个例子，如果你相信世界是个危险的地方，试着问问自己"我是否曾经感到安全？""我是怎样一点一点有了现在这种想法的？"或者"我生活中的其他人感到安全吗？"用"问题和证据"日志来练习。前两个已经帮你填好了，你可以自行制作空白的"问题和证据"日志，写下自己的问题。

<table>
<tr><td colspan="4" align="center">"问题和证据"日志</td></tr>
<tr><th>想法</th><th>支持想法
的证据</th><th>质疑证据</th><th>真实陈述</th></tr>
<tr><td>我每次出去都有受伤的风险</td><td>1.三年前我曾被袭击过
2.我一个朋友过去曾经被袭击过</td><td>1.我出生以来只被袭击过一次
2.我有些朋友从来没有被袭击过
3.袭击我的那个人坐牢了</td><td>的确有一些坏事情发生了，但是总体上来说世界是安全的。虽说不能完全保证，但大概率这些坏事情再也不会发生。我不能总是生活在恐惧中</td></tr>
</table>

续表

想法	支持想法的证据	质疑证据	真实陈述
如果我去商场我会惊恐发作并晕倒	1.我有过惊恐发作史 2.当我在公共场所的时候真的会焦虑	1.我已经去过这个商场无数次，从来没有发生过惊恐发作 2.我有5年的惊恐发作史但是从没有一次晕倒过 3.我从没有听说过谁因为惊恐发作而晕倒	尽管我的确在焦虑和恐慌中挣扎，但我在公众场所已经能够很好地管理自己的焦虑。当然，一切皆有可能，但是我会在公共场所晕倒这种事情发生的可能性极低。甚至在商场里发生一次严重的惊恐发作的可能性都极低，因为我知道如何使自己平静下来并随时离开

◎ 夸张的幻想

把一种想法夸张到极致往往会帮助你正确认识事物。这也可以帮助你认识到当自己焦虑的时候想法是多么极端。举个例子，乔纳森在社交场所总是很害羞，尤其是和女人们说话的时候。他急切地想要见他的灵魂伴侣，但是他特别担心自己会说一些愚蠢的话让自己尴尬，为此他饱受折磨。结果，他避免去见潜在的伴侣并担心自己一辈子结不了婚。作为治疗的一部分，乔纳森的治疗师让他想象自己在聚会上去接近一个陌生女人，然后让他去描述他所能想象到的最糟糕的结果。治疗师鼓励他天马行空地去想象。在他做完之后，治疗师让他更现实地描绘在相同情境中最可能的结果。下面是乔纳森想到的最极端的想法：

> 我接近这个充满魅力的女人并开始尝试与之交流。她拒绝了我，我感到特别难堪。我的脸变得通红，一下子大汗淋漓。然后这个女人跳到正在演奏的舞台上，一把抓过话筒，开始向大家讲述我这个失败者是如何尝试与她交流的。所有人都指着我大笑起来。我哭了起来并向门口跑去，出去的时候我被一个钱包绊倒了，结果这个钱包是她的。我摔了一跤，撞到了头，晕了过去。我知道的下一件事是我被救援直升机从聚会中救了出来，我再次晕倒，醒来时发现自己躺在精神病院的床上。

而乔纳森更现实的想象是这样的：

> 我走向那位充满魅力的女士并跟她交谈。我很紧张，声音有点发抖，但仍能够打招呼并询问她是否玩得开心。她很友好地回应了我并说她确实很开心。我们互相做了自我介绍，我询问是否可以请她喝一杯，她答应了。接下来的一小时我们讨论了共同的爱好。我询问下周我是否可以打电话给她，她同意了。

乔纳森描述完他和女士在聚会上极端的和现实的互动场景后，不禁大笑起来。确切地说，他已经能够看到自己第一个故事中的荒谬了。将其与现实版本相比较使得他能够对自己的恐惧有一个更现实的看法，并正确看待被拒绝的潜在后果。后来，他与陌生女人交谈时的焦虑降低了。

"夸张的幻想"日志			
害怕的情境	极端的结果	现实结果	视角和感受的改变
我的经济学考试只得了一个"C"，没法从大学毕业了	从今往后学校所有的考试我都会不及格，最终我被学校劝退了。我找不到工作并且因为没钱租不起房。最后我只能流落街头。我是如此迫切地需要钱，以致于我抢劫了一家白酒店。我被逮捕并判处20年监禁	我会因为得了一个"C"而感到沮丧。然而这次得C的经历会刺激我努力工作。我发奋学习并在学业上有了进步。尽管在我大学期间又拿到了一些C，总的来说，我做得很好。我最终从大学毕业并在我所学的领域获得了一份工作	视角上的转变：通过阅读我最极端和现实的结果场景，我意识到自己仅仅因为在一场考试中得了"C"，我就把事情弄得看上去那么可怕，这多愚蠢。我一直是一个好学生，即使是"C"也已经通过考试了。我没有为考试付出足够的努力，这是我没取得好成绩的原因。有时候我对自己有点严苛感受的转变：我感到对自己未来的学业和职业的焦虑都减少了，我不再那么焦虑了

◎ 停止"你应该"的思维方式

心理学家阿尔伯特·艾利斯使用"必须""应当"来形容"告诉自己必须要去做某件事不然会引起严重的后果"这样的思维过程。而事实是的确有一些是你生命中必须要做的，你应该吃饭、洗澡、付清账单以及其他，如果你没有做这些事情可能真的会产生一些严重后果。但是，告诉自己"我应该吃得更健康点""我必须成功"，尤其是当你因为没成功而在感情上责怪自己的时候，就会导致焦虑。

所以，这些"必须""应该"的想法从何而来？这些想法从你童年时期学会分辨对错的时候就开始了。当父母教育孩子什么是恰当的行为或者如何保持安全时，"必须""应该"对他们而言是一种高效的方式。父母们常说这样的话"你不应该打别人""你应该和朋友分享""禁止在街上乱跑"以及"千万不要碰炉子"等，这些听上去都是对孩子周全的建议，一旦打破了父母的某个命令，就可能产生严重的后果——罚站、体罚、暂停外出活动的权利等。而问题在于一旦学会辨别对与错之间的不同，"必须""应当"就不再总是起作用了。事实上，他们暗示了与感受和行为有关的特定的期待，比如"我不应该有这种感受""我必须屈服，不然事情会变得糟糕"。而且，这些期待常常并不切合实际，比如"我必须要做最好的父母""我必须总是做第一名"——这些不切实际的期待不可避免地会导致焦虑。

与其让自己陷入到"必须""应当"的困境中，不如用一些类似的陈述，"吃的健康点会更好""我喜欢成功"以及"我会

> 给自己留有余地。

尽力取得成功"。这有点像文字游戏，但是你的"内部语言"真的会对你的感受产生巨大的影响。处理"必须""应当"的歪曲认知，最好的办法是能意识到自己正在使用它们，并用要求低一

些的词代替它们，可以参考"必须""应该"思想日志中的例子。

"必须""应该"思想日志	
写下你在一天中使用"必须""应该"的陈述。分辨这些陈述可能对你产生的潜在影响	写下一个"必须""应当"的代替性陈述，分辨新的陈述会怎样帮助到你
陈述：我在公众场所不应该感到紧张 潜在问题：我为自己的失败做好了准备，因为我的确感到了紧张。如果这件事再次发生，我会感到像一个失败者一样	新陈述：我会尽量避免在商场中感到紧张，但是如果真的发生了，我知道怎样去应对 怎样起作用？它承认我在公众场所会感到很挣扎，并且我也知道怎样用学到的技巧来应对焦虑
陈述： 潜在问题：	新陈述： 怎样起作用？

◎ 实践验证

　　就像我在前面所提到的，不要自动把你的想法当成事实。人们往往习惯于在没有任何证据佐证的情况下就对事情作出判断。保持合理的怀疑态度很重要，用实践去验证你信念的准确性。举个例子，如果你相信驾车去商场是一件非常令人焦虑的事情，那么就去试一试；如果你认为你在上周演讲的时候犯了一个愚蠢的错误，那么就找一个参会的人说说你做得怎么样；如果你相信你的胸痛是因为心脏病发作而不是焦虑，那么你就去看医生。的确，在一些情境下，你的想法是准确的，经过实践，如果事实果真如此，那么至少现在有证据支持你的信念，你也就可以开始解决实际发生的问题。

下面是一个工作表范例，可以帮助你进行实践检验，以达到测试你想法和信念准确度的目的。首先，找出一个你认为让你感到焦虑的想法或信念，然后找到一个不会过分引起你焦虑的可替代信念。分别对这两种想法的坚信程度打分。请注意，你对替代性想法会成真的坚信度很可能会被低估。其次，设置实验来检验你的信念。它们可能帮你回答下列问题，比如"我会怎么做？""它会在哪发生？"以及"它会在什么时候发生？"，越具体越好。然后找出你在过去的经验中所依赖的安全行为或想法，安全行为是那些人们用来降低焦虑的行为。这些行为能够有效地管理焦虑，但是它们也会使人们远离焦虑体验，而焦虑对人们应对恐惧的事物有重要意义。比如说，如果一个人为了克服飞行恐惧，总是在上飞机前用酒精或者药物（安全行为）来管理焦虑，那么他将一直害怕飞行。一旦你发现了任何的安全行为，把这些安全行为可能造成的潜在风险列成清单，并对怎样克服这些风险制订计划。换句话说，你要对实验中由安全行为引发的问题制订应对计划。最后，你要回顾你的实践结果，你从实验中学到了什么，以及这些实践是怎么影响你的原始信念的。

实践验证范例	
你想要测试什么想法或者信念？	对该信念的坚信度（0～100%）
如果我在公众场所讲话我会剧烈颤抖，周围人会注意到并嘲笑我	90%
是否有替代性的想法，可能你并不是非常坚信的。	对该信念的坚信度（0～100%）
我会感到紧张并颤抖，但是人们并没有注意到	0

什么实验可以检验这个信念的真实性？

你会怎么做？

它会在哪发生？

它会什么时候发生？

我会在下周一的例会上发言，我可以展示一些我一直想要展示的数据。我可以问问朋友们有没有发现我在讲话时发抖

需要放弃哪些安全行为？

保持安静

抓住桌子

一旦出现了安全行为，会造成什么问题？怎样应对？

可能会没机会讲话，我会努力找寻机会

结果：发生了什么？你发现了什么？

我真的非常紧张并且在意我的手

朋友们说我讲得很好而且没看到我在发抖

续表

你学到了什么？这对你最初的想法有没有什么影响？	对该信念的坚信度（0～100%）
尽管说话的时候会感到紧张，但还没明显到别人能发现的程度 跟朋友们笑话我居然会有这样的想法	50%

◎ 坏事变好事

人们常说，"上帝在给你关上一扇门的同时，也会为你开一扇窗"以及"当老天给了你颗酸

> 找寻困难时期过后的积极因素。

柠檬时，那就用它榨一杯柠檬汁吧"，这些俗语在我们的文化中如此流行，是因为它们是基于事实的。生活中充满了危机和灾难性事件，这些事件常常导致我们感到不堪重负。但是，失业可能意味着找到一份更好的工作；一段旧的失败的婚姻结束后可以开始一段新的充实的婚姻；亲人去世可以让你更亲近那些生活在周围的人。这看上去似乎过于简单，但是我相信这些真理有着深远的意义。试着去找寻困难时期的积极因素，尽管它们可能并不容易被发现，但它们的确存在。参考"困难时期寻找积极结果"工作表，试着分析你遇到的糟糕事中隐藏的积极因素。

"困难时期寻找积极结果"工作表		
列出生活中的糟糕事	在每件事后至少列出3条积极后果	这些事件的积极后果是如何影响你生活的
我的配偶不忠，把我们推到了离婚的边缘	1.我们对彼此更加坦诚 2.我们重新把爱奉献给彼此 3.我们学会了互相倾听	我现在知道了我能处理配偶不忠这种毁灭性事件 我对婚姻的重要性有了进一步的理解
	1. 2. 3.	

◎ 角色互换

你会对和你有相同消极想法的朋友说什么？如果你的配偶、父母、兄弟姐妹或者孩子处在你所处的情境中，你会给他们提供什么建议？扮演顾问、建议者甚至咨询师，从助人者的视角思考你的问题可以帮助你做这三件事情：

第一，澄清问题，可以帮你从不同角度更清晰地看待问题；

第二，启示作用，它强调了你对自己说的话通常是消极的和扭曲的；

第三，促进问题解决。接下来，给自己一些周全的建议吧！

总　结

思想是强大的，它们影响你如何感受和行动，但你不必受它们控制。觉察到你常用的不同类型的认知歪曲，并用一些简单的技巧修正它们，不仅可以降低你的焦虑，还可以给你带来看待世界的全新视角。本章重点如下：

· 重要的不是事情本身而是你对事情的看法。

· 认知歪曲是在你无意识情况下自动发生的。

· 觉察到你的认知歪曲是战胜它们的第一步。

· 对你的想法保持质疑，验证它们的有效性。

· 灾难化极大地导致了恐慌的发生和维持。

第二章 怎样训练自己有意识地不去担忧

　　每当我遇到令人担忧的事情，就会想起一位垂死老人说的话：我一生总在无止境地忧虑，其实大部分担忧从未真正发生过。

——温斯顿·丘吉尔

　　我以前的一位教授曾经说过："只有死去的人才不会焦虑。"诚然，这种说法有点夸张，但它是正确的。从进

> 焦虑帮我们了解自己的恐惧。

化心理学的视角来看，焦虑使人和动物区分开来。焦虑使人们了解他们的恐惧，远离那些环境中的威胁。焦虑还有一些现实的意义，在心理学家罗伯特·莱希的《焦虑的治疗：7个步骤让焦虑无法阻碍你前行》[1]一书中指出了焦虑的五个合理的理由，这些理由包括，焦虑可以：

- ·帮助解决问题。
- ·防止事情被忽视。
- ·支持这样一种信念——如果你看得足够长远，你会找到解决方案。

---

[1] Leahy, R. (2006). *The worry cure: Seven steps to stop worry from stopping you*. New York, NY: Three Rivers Press.

· 减少你感到惊讶的可能性。

· 灌输一种负责任和积极主动的意识。

具体来说，焦虑使人们能够找到那些因为粗心而可能会被忽略的解决方案；它确保人们考虑到不同问题的各种细微差别；它促使人们持之以恒并因成功而获得奖励；它使人们为即将到来的事情更好地做好准备；焦虑通过有目的和深思熟虑的行动，保护人们的自我价值感、自尊和控制感。

而另一方面，焦虑可能是一个人最大的敌人。如果对焦虑不加以控制，一般的焦虑可能会转变为强迫性穷思竭虑，持续不断地纠结于造成痛苦的原因。换句话说，一个人不仅处理未来潜在的问题，也陷入对几天、几个月甚至许多年前的问题的思考中。在极端的案例中，这些人被焦虑所困，丧失行动能力，工作、家庭和友谊都会受到影响。正如心理学家埃蒙德·博恩在他的《应对焦虑：减轻焦虑、恐惧和担忧的10个简单方法》❶❷ 一书中所写的那样："强迫性穷思竭虑是一个消极的漩涡，让人感到深陷其中，找不到改变的方向。"

一些身体症状和健康并发症也与慢性焦虑有关。长期的忧虑会导致身体释放更多的压力荷尔蒙。如果这些压力荷尔蒙释放水平不降低，持续的压力将会造成明显的身体伤害。常见的

---

❶ Bourne, E. (2003). *Coping with anxiety: 10 simple ways to relieve anxiety, fear & worry*. Oakland, CA: New Harbinger.

❷ 本文中文译本《应对焦虑：九种消除焦虑、恐惧和忧虑的简单方法》，北京：机械工业出版社。

——译者注

身体问题包括：

- 吞咽困难
- 口干
- 心悸
- 头痛
- 易怒
- 肌肉紧张
- 坐立不安
- 呼吸急促
- 颤抖和抽搐
- 消化障碍
- 心脏病[1]

- 眩晕
- 心跳加速
- 疲劳
- 无法集中注意力
- 肌肉酸痛
- 恶心
- 呼吸加速
- 出汗
- 免疫系统问题
- 短期记忆障碍

慢性焦虑和日常焦虑在两个重要的方面有所不同。首先，日常焦虑一般只持续很短的时间，比如，如果你对即将到来的考试很焦虑，这种焦虑会在

> 日常焦虑的典型特点是：它只会持续很短的一段时间。

这场考试之后结束。相反，慢性焦虑会担心下一次的考试、下节课、毕业、职业生涯等。其次，日常的烦恼通常对日常生活影响不大。例如，如果你正担心如何支付刚出的账单，你可能很难集中精力开会，但你仍然可以完成你的工作。慢性焦虑就没那么幸运了：它可能导致你错过截止日期和会议，忘记接放

---

[1] WebMD. *How worrying affects the body*. Retrieved from http://www.webmd.com /balance /guide/ how –worrying –affects–your–body?page=2.

学或足球练习后的孩子回家，或者在关键项目上掉链子。好消息是，焦虑的恶性循环可以用一些简单的技巧来打破。但是，就像这本书中的所有技巧一样，需要持续有意识的努力来收获改变。

焦虑的不同形式

焦虑有很多不同的表现形式。对每个人而言，焦虑的原因和程度都是独特的，然而，人们焦虑的形式却有很多共同点。有三种普遍的焦虑形式分别是：广泛性焦虑、强迫性焦虑和社交焦虑。

◎ 广泛性焦虑

日常生活中，我们都会不时地担忧一些事情。我们因为账单、学校、人际关系、工作以及其他的一些典型的生活事件而感到压力。广泛性焦虑也就是平等机会的焦虑，会持续担心多种问题。广泛性焦虑会对很多种事件或者活动表现出过分的焦虑和担心，而这种担心往往是没有任何依据的。已故著名心理学家阿尔伯特·埃利斯将其称为非理性信念（我会尽量避免使用这个术语，因为它被视为是评价性的，并弱化了人们的痛苦）。广泛性焦虑的另一个特点是，个体焦虑的程度远远大于这件事实际上所应有的焦虑水平。如果更严重一些，这种焦虑会被精神卫生专家诊断为"广泛性焦虑障碍"。

人们焦虑的关注点各不相同。主要的主题包括账单、财务、退休、亲人的健康和安全，婚姻、人际关系、家庭问题、伤害、死亡以及学校。同样重要的是要记住，当事人对情境的担心是过度的，而且往往不是基于确凿的事实。不时担心财务、家庭、健康和工作是非常正常的，只有当焦虑干扰正常生活的情况下它才成为问题。下面就是这种类型的焦虑的例子：

• 财务问题。一位丈夫/父亲因为没钱支付家庭开销导致自己持续失眠。

• 家人的健康和安全。一位母亲总是担心自己的女儿生病，以至于她限制孩子正常的社交活动甚至禁止孩子离开家。

• 婚姻/人际关系。一位妻子总是担心丈夫会离开自己，这使得他们的关系产生了裂痕。

• 家庭问题。一个十多岁的孩子每天都在担心自己的父母是否会离婚，因此，她每天用酒精来缓解焦虑。

• 伤害/死亡。一个女人非常担心自己年迈的父亲会去世，以至于她避免去看望他，这使得她变得抑郁。

• 工作/学习。一名大学二年级的学生学习成绩不好，即将被学校开除，这导致他无时无刻不停地思考毕业后会得到什么样的工作。

◎　强迫性焦虑

强迫是指持续的、反复的、不必要的思维、想象或者冲动，并为这些想法或冲动感到痛苦。这些想法极难抗拒，通常本人也认为毫无必要却难以抗拒。强迫性担忧的人常常会通过强迫行为（反复检查、洗手、整理和重新归置物品）来减轻或者消除焦虑。这些行为能够在不同程度上起作用，但是并不能消除焦虑的想法。这种类型的担忧被精神卫生专家称为"强迫症"。

强迫性焦虑的焦点因人而异。最常见的包括污染、整齐或整洁、安全或伤害以及不被接受的攻击性、性、宗教的想法或冲动。和广泛性焦虑一样，强迫性焦虑只有在相关的想法和行为干扰正常生活时才会产生问题。下面是这种类型的担忧的例子：

• 污染。一个女人坚信通过接触门把手会传染疾病，这使得她不再离开家。

• 整齐或整洁。一个男人总是担心他的领带歪了，以至于他每天要去几十次洗手间，对着镜子检查自己，这导致他在工作中有几个项目落后了。

• 安全或伤害。一位父亲坚信如果他每小时超速一英里，他的孩子就会出事，因此，他害怕开车上下班。

• 不被接受的攻击性、性、宗教思想或冲动。一名学校的教师停止去教堂做礼拜，因为她无法控制自己与教堂牧师发生性关系的幻想和画面。

◎ 社交焦虑

许多人会在社交场合感到很不自在。对于一些人来说，表现为在聚会或者社交场合感到害羞；对另一些人来说，则是害怕说错话或者无意中冒犯了别人。一般来说，社交焦虑的人往往担心他们会在某些方面受到消极评价，因此，他们避免进入社交场合。社交焦虑还可能导致一些使人痛苦的身体症状，包括：

- 出汗
- 口干
- 脸红
- 声音颤抖
- 心跳加速
- 身体颤抖
- 头晕

这种类型的焦虑被精神卫生专家称为社交恐惧症或者社交焦虑症。

社交焦虑型个体的担忧是无限的，然而最常见的包括：开启谈话、被陌生人拒绝、公开演讲、结识新朋友、进入已经坐满人的房间以及眼神接触。和广泛性焦虑以及强迫性焦虑一样，社交焦虑只有在影响了正常生活的情况下才会成为问题。以下是几个社交焦虑的例子：

- 开启谈话。一个35岁左右的单身、智慧、有魅力的男士已经两年没有约会了。在上个月，他有好几次机会可以邀请一位对他感兴趣的女士约会，但因为害怕和相对陌生的人交谈而没有这样做。

· 被陌生人拒绝。一个成功的女商人在过去的几年里一直对她的工作不满意。她想要离开，但是因为担心被拒绝，她一直不敢参加工作面试。

· 公开演讲。一个护士最近被提拔为管理人员。她的职责之一是每天早上为护士们主持一次信息会议。由于她对在员工面前讲话感到紧张，她决定辞职。

· 结识新朋友。一个50岁出头的女士最近与结婚30年的丈夫离婚了，她想要重新开始约会，但因为担心约会对象会认为离婚是自己有问题，她没有开始任何约会。

· 眼神接触。一个大学生避免离开宿舍，原因是她担心自己会因为无意中盯着别人而冒犯别人。

焦虑的控制技巧

现在你已经了解了焦虑的不同类型以及焦虑是怎样影响你的，是时候学习一些控制焦虑的技巧了。下面的一些小技巧直接而简单，但是，不要因为它们简单而迷惑了你，它们对于管理焦虑非常有效。当然前提是你必须加以练习。

开始使用这些技巧之前，你必须要明白不是所有让你担心的事情都有解决方案，比如一些疾病、自然的和人为的灾难，以及各种生活环境和处境。我即将讲到的这些技巧对于解决基于拉扎勒斯和福克曼❶所描述的两种主要的应对方式所产生的焦虑问题是有效的——问题取向应对方式和情感取向应对方式。问题取向的应对方式可以使你修复和解决能够改变的问题，而情感取向的应对方式能够使你对一些不能改变的事情进行情绪管理（比如对于妈妈生病了这件事，你可以改变你对这件事的思维方式，却不能改变妈妈生病了这一事实）。下面的技巧能够有效减轻基于这两种应对方式所产生的焦虑问题。

◎ 允许自己焦虑

没错，我是说允许自己焦虑。焦虑本身并不是问题，关键是你只能在每天的同一时间焦虑20分钟。正如我前面所讲到的，焦虑是生活的一部分，在某些情况下，它对你是有益的。但如果你在会议中、洗澡时、吃饭时或者躺在床上想睡觉时都会感到焦虑，你的焦虑模式没有结构或者一致性，并因此导致了你在工作或者学习中落后，那么就是问题了。如果你总被烦恼的想法淹没而感到无助和绝望，那么是时候改变你的模式了。试试下面的步骤来更好地管理和预测你的焦虑。

1. 每天同一时间设定一个持续20分钟的"焦虑时间"。这个时间可以是你上班之前或者回家之后，具体什么时间你来决

❶ Lazarus, R. S., & Folkman, S. (1984) Coping and adaptation. In W. D. Gentry (Ed.), *The handbook of behavioral medicine* (pp. 282－325). New York, NY: Guilford Press.

定。但是我不建议在睡前一个小时进行这个练习，你会发现在20分钟后很

> 设定一个焦虑时间。

难停止下来，这可能会使你更加难以入睡。确保你选择用来练习的地方安静且没有干扰（把你的手机放到另一个房间，关闭电视）。

2. 写下一天中任何突然出现在你脑海中的担忧。例如，如果你在洗碗的时候开始担心下个月的房贷，把它写下来。然后告诉自己你将在指定的时间中为这件事焦虑，这是练习中最难的事情之一。对你来说，整天担心已经成为你的天性，这已经变成一种习惯，而习惯很难被打破。但是，通过耐心练习，你终究会掌握窍门。

3. 在你指定的"焦虑时间"里，一直焦虑直到你心里被焦虑填满。你可以担忧任何你想要担忧的事情，从口袋里随手取出来一张纸条，在上面列出所有让你焦虑的事情，并开始担心它们。一直去反复担忧和焦虑，但是在20分钟后必须要停下来。这就是你要担心的所有事情，如果还有些你担心的事情没有录入，那么你可以把它们列在明天的担忧日程表上。如果你发现你所焦虑的事情不到20分钟就想完了，剩下的时间可以找一些有趣的事情去做。

这个技巧最好的部分在于它允许你推迟你的担心。不要在白天被焦虑所困扰，这样你就能够专注于重要的事情，比如完成工作任务、照看孩子、支付账单等。你让自己仍然有机会去担心那些令你烦扰的事情，现在的你是一个高效的忧虑者。

◎ 分散自己的注意力

分散注意力的目的很明确——延迟你的焦虑，使焦虑的冲动缓解。如果这种冲动卷土重来，你只需要再次延迟。通常情况下，这一简单的行为就会降低你的担忧，并将其完全推离意识。这种技巧成功用于想要戒烟和戒酒的人群，也常用于减肥的群体，他们常常要和进食的冲动作斗争。实施延迟策略，你需要做能够让自己全身心投入的事情来分散自己的注意力。比如，看电视不是一个很好的延迟策略，当你看到自己喜欢的情景喜剧重播时，你容易走神。如果你发现自己的担忧很多，试试下面的这些活动：

• 日记/写作。写作是让你从担忧中分心的一个好办法。你并不需要成为一个专业的作家，也不需要写一篇短篇小说、一首诗或者深情款款的情书。你甚至可以写自己联想到的任何东西，写出大脑中的任何想法。无论看上去多么不合逻辑都不重要，事实上，写得越是狂野古怪，当你回头去阅读的时候就会越觉得有趣。

• 玩棋盘游戏或者拼拼图。和大多数人一样，你可能已经忘记了玩棋盘游戏和拼拼图是多么有趣的一件事情。策略性的游戏非常引人入胜，在短短几分钟内，你的注意力就会完全集中在手头的工作上。此时，任何关于担心的尝试都是徒劳的，因为你没办法全身心地投入两件事情中去。

• 阅读。这听起来很无聊，尤其是如果你不怎么喜欢读书的话，但是和玩棋盘游戏或拼图一样，读书能够使你全身心地投入书中，从而远离那些让你痛苦的想法。

• 祈祷。祈祷是让你从忧虑中转移注意力的好办法。祈祷给你带来一种平和、平静和安宁的感觉。另外，如果你在办公室、学校或者杂货店工作，你不必跑回家去拿书或者拼图玩具，你只需要找一个能够独自待几分钟的地方。记住，你不必是一个虔诚的教徒才能祈祷，你可以向任何与你的人生观相吻合的人或者物祈祷，或者向更高的权威等祈祷。

• 与孩子游戏。没有什么比和孩子一起玩更能够表达"我无忧无虑"了。孩子让我们发笑，让我们能够欣赏生活中的小事情，并且提醒我们生活应该是有趣的。当你在玩跳房子或者做泥饼这样有趣的游戏时，很难把自己的烦恼太当回事。

• 与伴侣亲密。尽管这通常意味着发生关系，但也可以是很简单地去关注伴侣的需求。前者的限制较多，尤其是在公众场所时，后者则更可行。

• 关注当下。如果你发现自己在反复思考过去的事情，或者对明天或者下周可能发生的事情感到紧张，请把你的注意力收回到现在。正念或者对周围事物觉知的能力，是分散你注意力的好办法。如果你的思绪又开始游离，让你的注意力回到你周围正在发生的事情上。关于正念更多的信息，请参见下一章相关内容。

· 停止思考。停止思考是控制担忧想法的一个非常简单有效的方法。从本质上说，这种方法通过有意识地告诉自己停止，来打断消极的、有偏见的和痛苦的想法。一旦这些想法停止了，你可以用更积极和更现实的想法来替代它们。这种方法对于所有类型的焦虑都是有效的，而有强迫性焦虑的人会发现，这种方法格外有帮助。下面这些思维停止练习可以在家进行。

◎ 思维停止练习

1. 写下最近让你烦扰的消极想法。然后，在这些想法的旁边，写出三四个中性或积极的替代性想法。比如"我已经控制了我的想法"或者"记住要活在当下"。如果你想不出更好的替代方案，回到第一章并复习关于认知歪曲的讨论。

2. 有意识地把消极想法带到你的意识中，用20～30秒的时间聚焦在这些想法上，一旦这些想法在你的脑海中不断穿梭形成一个循环，那就喊"停！"，如果这个想法仍在继续，那就再大喊一声"停！"直到这个想法停下来为止。

3. 现在这个想法已经停下来了，从列出的中性的或者积极的替代性想法中选择一个，重复这个想法2～3分钟。放松，清理你的思绪，安静地坐着。

4. 一两分钟后，用最初的消极想法重复第二个和第三个步骤。

5. 用另一个消极想法再次开始这个过程，练习这个技巧直到能够自然而然地使用它。

◎ 质疑你的想法

与其说这是一种技巧，不如说是一种提醒：练习你在上一章中学到的技能。记住你的想法常常是带有偏见且缺乏证据支持的，寻找你想法中的错误。寻找证据来反驳你的消极和偏颇的观点。像科学家一样，通过真实世界的实验来检验你假设的正确性。确定最好的、最坏的和可能发生的情况，并为每种情况做好计划。弄明白焦虑能够带来什么好处，如果没有任何好处，那么问问自己为什么你还要持续这样做，但不要就此为止：一旦你发现了这些消极想法，用积极的想法替代它们。心理学家菲利普·肯德尔的研究表明，如果我们积极想法：消极想法的比率增加，情绪状态会得到改善。换句话说，对于你的每个消极想法，你需要产生两个、三个甚至四个积极的想法。比如说，如果你有一个想法"我永远没办法决定要做什么"，那么你可以用"我最终会把事情弄清楚""我已经成功地解决了过去的问题""即使我今天无法做决定，那也不会是世界末日"来替换。现在你已经有了3：1的积极：消极自我陈述比率。如果你每次有消极想法的时候都这么做，你会发现你的焦虑会随着时间的推移而减少。

◎ 打破桎梏

犹豫不决是焦虑的生命线，焦虑的人很难做决定。这可能是因为害怕做出错误的决定或者冒犯他人，或者无法接受可能的后果。不管什么原因，优柔寡断的人永远在焦虑。通过布朗博士研发的七步决策程序，你可以打破桎梏。

第一步：明确决策。听上去很简单，但是人们经常在第一步上卡住。如果不能完全了解要做什么决定，你会发现自己会很困惑、沮丧并且渴望放弃决策。问问你自己"我希望发生什么"或者"我需要解决什么具体的问题"并把它们写在纸上。

第二步：收集信息。人们总是擅长在收集完所有证据之前就对事情做出结论。我们通过自己的个人视角来看待事情，它是由我们的过去经验和对世界如何运转的信念组成的。然而，我们并不总是对的。因此，尽可能地收集所有的证据来确保你做出明智的决定。你可能需要去询问你的家人、朋友、同事甚至泛泛之交的他人，如果他们身处你所在的处境会怎么做。

第三步：明确可供选择的方案。一旦你已经确定了你要决定什么，并且收集到了尽可能多的信息，你可以列一个可选择的清单。最好的办法是，尽可能多地写下你能想到的潜在选择，避免自动放弃或者接受它们的冲动，仅仅是列清单。

第四步：权衡证据。一旦你列完清单，确定每个潜在选择的利弊后，你在审视的过程中就会开始倾向于其中的某些选择。你甚至可以为每个选项做1～10分的赋值，其中1是最差的，10是最好的。

　　第五步：在所有的选项中做出最终的选择。现在是做出选择的时候了，在这一步，重要的是记住生活中几乎没有绝对的东西。一般来说不会有绝佳的答案或者解决方案。作为人类，我们做出选择，适应我们所做的选择，并从那些被证明并不是最好的选择中不断学习。如果你在两三个看上去非常好的选择中犹豫不决，不要害怕依赖你的直觉，有时候直觉是非常准确的。

做出最好的决定

　　第六步：落实你的选择。一旦做出了选择，你就要付诸行动。不要犹豫或者拖延。你已经下定决心，是时候行动了。这时候你可能发现自己更加焦虑了，这没关系。承认所有的自我怀疑、害怕或者担忧，然后继续前进。

　　第七步：回顾结果。决策程序中的最后一步是确认它是否成功，如果没有，是哪一或者哪些部分出了错误？是否可以通过调整来改善结果？你从这个决定中能够学到什么？下次你会有哪些不同的做法？或许你会做同样的事情。记住，即使它没有像你期待的那样发挥作用，也不要对自己太苛刻。期待和现实很多时候并不总是一致的，庆祝自己能够坚持到底，随遇而安，并为下一个人生的重大决定做准备。

◎ 接受现实

　　"上帝，请赐予我勇气改变可以改变的事情，请赐予我宁静接受不可改变的事情，请赐予我智慧分辨两者的不同。"祈祷的前几句话意味深远。生活中有

> 凡事都放不下的人更容易焦虑。

些事情是人们可以控制的：我们如何与人交谈、晚餐吃什么或者怎样打扮等。我们不能控制天气、战争的破坏或者他人的行为。一个有着健康焦虑的人知道什么时候应该让那些他无法改变的事情随它去。放手会让你从焦虑的想法中解脱出来，背诵下面的语句可能会有所帮助。

　　请赐予我智慧，让我知道什么时候应该放弃我生命中

无法改变的事情。请赐予我勇气去面对困境，尽管我周围所有人都说要避免它。当我的注意力从我所知道的最好的东西上分心时，请赐予我坚持到底的力量。提醒我，有了你的支持，我可以控制我的思想、感受和行动。愿我拥有接受痛苦并把不确定性作为生活的一部分的能力。

总　结

焦虑在当代社会中普遍存在：它帮助人们解决问题，对潜在威胁进行预警，并减少错误。然而，如果不加以控制，焦虑会导致长期的身体和情绪压力。但你可以用各种各样的技巧来管理焦虑。这一章有以下重点：

• 焦虑是日常生活的一部分。只有当它影响到你的人际关系、工作、学习和整体生活质量时，它才会成为一个问题。

• 焦虑可以分为广泛性焦虑、社交焦虑和强迫性焦虑。

• 消极的想法会产生并维持焦虑。

• 设定焦虑时间和分散注意力是管理焦虑的有效方法。

• 接受那些你无法控制的事情可以让你从焦虑中解脱出来。

第三章　什么是正念

正念是仅仅意识到当下在发生什么，而不去期待它会有什么不同；是享受快乐而不去执念于如果发生了变化会怎样；是待在不愉快中而不去害怕这种情况会一直持续。

——詹姆斯·巴拉兹（作家兼冥想老师）

生活是嘈杂的，你被拉向无数的方向，每天都要承担很多责任。如果你不是赶着去杂货店，接送孩子去学校，或者计划明天成败攸关的商务会议，你就会专注于其他不得不做的小事情上。那么问题出在哪儿呢？问题在于你仅有的生命正在悄然流逝，当你专注于任务而非过程时就错失了日常的生活体验。换句话说，你是如此在意结果，以至于你忘记了经历它们时自己的体验。例如，女儿在她的数学考试中拿到了满分，但是你是否注意到了当你和她一起学习时，她脸上露出了多少次笑脸？再比如，你为家人做了美味佳肴，但是你是否欣赏蔬菜鲜艳的色彩，或者把你的烹饪杰作当成艺术品看待？又或者，在你早上上班通勤的路上，你是否记住了主动让你超车的那个男人的面庞？可能并没有，这不是你的错，我们社会的快节奏让我们如此匆忙。我们把多任务同时进行变成一种必要的生活模式，但是这会产生一些后果。

在心理学家奥斯鲁和罗默所著的《正念力打败焦虑》❶❷一书中，他们讨论了多任务协作导致的各种问题。其中一些比较突出的问题是：注意力和记忆力的问题、紧张的人际关系、与工作和亲人关系的疏离、困惑以及绝望感。多任务工作会加剧焦虑，你会总是担心下一个任务，担心因为粗心犯错误。这种忙忙碌碌的压力使人不堪重负。你总是担心是否错过了和家人朋友团聚的珍贵时光——诚实地回答自己：每隔多长时间你会告诉自己"我需要慢下来"或者"我应该花更多的时间和我的家人在一起"？你最后一次注意到女儿穿的裙子是什么时候？你能准确回忆起最近一次与家人共进晚餐时的谈话内容吗？你上次和家人一起共进晚餐是什么时候？你明白我的意思，如果你的答案大多是"不清楚"，那么，你已经错过了很多。

正念练习可以帮助你纠正这种模式。简单地说，正念就是把你的注意力放在当下。它与过去和未来无关，而只与此时此地有关。正念可以教会你不加评判

> 正念使你将注意力集中在此时此刻。

地去接受新体验，接纳是正念的关键。思维、感受、行为和身体感觉——它们仅仅是存在而没有任何意义。以约瑟夫为例，他曾经历过惊恐发作。在他惊恐发作之前脑子里最常见的想法是"我将会失控并在所有人面前晕倒过去"，当这个想法出现

---

❶ Orsillo, S. M., & Roemer, L. (2011). *The mindful way through anxiety: Break free from chronic worry and reclaim your life.* New York, NY: Guilford Press.
❷ 中文译本《正念力打败焦虑》，中央编译出版社。　　　　——译者注

的时候，他就会给自己贴上"虚弱""疯狂"的标签。他注意到自己会心跳加速并且开始出汗。当他把这种身体感觉和想法联系起来的时候，就会更加紧张。他会找到最近的一个门，告诉自己赶紧离开以避免尴尬。他离开并降低了焦虑，他为自己又一次被焦虑所控制而感到羞愧。如果约瑟夫在这种情况下使用正念，他会简单承认自己有"失控"的想法并避免使用"虚弱""疯狂"的消极标签。他也会以同样的方式来对待自己的身体感觉，承认并改变想要离开的冲动，他还会把注意力从自己的思维、感受和感觉上转移到当下的环境中：其他人在做什么？他能够听到什么？墙壁和地板是什么颜色的？房间温度是多少等。你会在这一章的后半部分更多地学习如何操作，但是现在，仅仅知道正念可以把你的注意力从你的思维、感受和感觉上转移到当下的许多细节和错综复杂的事物上就可以了。相信我，这里面大有可为。

正念练习并不是新鲜事，它深深植根于古老的宗教和佛教哲学中。但是事实上大多数宗教都在他们的实践中融入了正念的某些成分，比如祈祷、冥想、唱圣歌、阅读和背诵经文，以及其他许多仪式实践。尽管对许多人来说，正念是一种"新时代"的实践，只有"弄潮儿"才这么做，事实上正念已经成为心理学领域的主流，有大量的研究支持其作用❶❷。正念有助于

---

❶ Hofmann, S. G., Sawyer, A. T., Ashley, A. W., & Oh, D. (2010). The effect of mindfulness–based therapy on anxiety and depression: A meta–analytic review. *Journal of Consulting and Clinical Psychology*, 78, 169‐183. doi:10.1037/ a0018555

❷ Grossman, P., Niemann, L., Schmidt, S., & Walach, H. (2004). Mindfulness‐ based stress reduction and health benefits: A meta–analysis. *Journal of Psycho‐ somatic Research*, 57, 35‐43. doi:10.1016/S0022–3999(03)00573‐7

解决的心理和生理问题包括但不限于以下几个方面❶:

- 焦虑
- 心脏病
- 抑郁症
- 高血压
- 成瘾
- 慢性疼痛
- 进食障碍
- 肠胃问题

- 减压
- 纤维肌痛
- 失眠
- 癌症
- 人际关系紧张
- 糖尿病
- 性问题
- 免疫功能降低

正念可以帮助你在极端的情绪和压力情境下保持平静和镇定,对他人的感受和需求保持热情和敏感,欣赏你周围的环境。换句话说,它使你变成一个更好的人,那种具有吸引力的人。它并不是能把你的焦虑、恐惧和压力全部带走的灵丹妙药,它是另一种有效的工具,可以帮助你管理你的焦虑,只要稍加练习就能够使用它。

正念的基础

不同作者、从业者和研究人员在正念的核心特点这一问题

---

❶ Helpguide.org. (n.d.). *Benefits of mindfulness: Practices for improving mental and physical well-being.* Retrieved from http://www.helpguide.org/ harvard/mindfulness.htm.

上观点各异❶❷。但是在这里面有一些关键的基本概念是你应该知道的，这些概念包括：

- 觉知
- 专注当下
- 不加批判

- 初学者心态
- 无为
- 观察

◎ 觉知

如果你和大多数人一样，处于一种"自动驾驶"的控制模式：一天下来，你从一个约会到下一个约会，从一件琐事到另一件琐事；你和别人见面会谈，但2个小时后你就会忘记谈话的内容。不要难过，正如我在前面提到的，多任务工作已经成为我们当代文化的一种必要的生活模式。自动驾驶模式正是为了适应这种快节奏的生活，它的存在可以防止分心并提高你的工作效率。但是过度使用，会造成诸如焦虑的身心问题。所以解决问题的关键在于你要知道应该什么时候关掉它。

当使用正念时，使自己一次只专注于一件事情是至关重要的。除了了解你内在的想法和感受（身体上的和心理上的），重要的是了解你周围正在发生的事情，当然，刚开始你不用一下子就全部意识到。请尝试下面的方法并开始练习。首先，在

❶ Brantley, J., & Millstine, W. (2008). *Daily meditations for calming your anxious mind.* Oakland, CA: New Harbinger.

❷ Roemer, L., & Orsillo, S. M. (2008). *Mindfulness and acceptance-based behavioral therapies in practice.* New York, NY: Guilford Press.

你完全放松的时候尝试一下，如果你对这个过程感到舒服，你最终将能够在中度和高度焦虑的状态下进行这些正念练习。

1. 闭上眼睛，保持30秒。慢慢地深呼吸，感受每次呼吸时腹部的起伏。任何闯入脑海的想法都像掠过的云彩一样，让它们在脑海中浮现。

2. 睁开眼睛，注意周围的一切。看看这里的人、家具、计算机、颜色、墙壁和任何能够引起你注意的东西。注意房间内的温度，倾听你身后传来的声音，感受身体四处徐徐吹来的清风，似乎伴着似有若无的花香。

3. 再次闭上你的眼睛，保持30秒。继续呼吸并允许任意的思绪在脑海中浮现。当你闭着眼睛时，选择一个你在睁开眼后要关注的物体。

4. 睁开眼睛，专注于目标2分钟。只看你选择关注的对象，不用去想它，不用对它做任何思考，不用给它贴标签也不用做分析，仅仅是关注它。如果你的眼睛从它上面移开了，温柔而缓慢地把它们带回到要关注的物体上。

◎ 专注当下

你可能认为你一天中的大部分时间都花在了当下，而事实是你并没有。你一天中的绝大部分时间都在思考未来和过去中反反复复。比如像是"我要去开会""我晚餐要做什么？""老师会喜欢我的论文吗？"或者"我在下一封信里应该写什么？"这些都是指向未来而非指向现在的想法。同样的，诸如"我是否在开会时遗漏了东西？""孩子写完作业了吗？""我是否在临走时关掉了炉子？"等都是指向过去而非现在的想法。这些想法充斥着我们每天的生活。要知道，沉浸于过去和担心未来，这也是焦虑的本源。因此，学会把注意力从过去和未来转移到现在，这是控制焦虑的关键。

◎ 不加批判

俗话说"你是自己最大的敌人"，这句话很有深意。你疯狂地去试着理解、标注和解决每个问题，这让你崩溃。不要伤心，每个人都是这样做的，试图组织和控制这些问题是人的天性。这是你尝试理解周围世界、理解那些你不了解的事情的一种方式。考虑到你生活在嘈杂且不可测的环境中，这种处理问题的方式至少在大多数情况下是具有适应意义的。但是再次强调，你真的会因为去评价事物好坏或者对错而打击到自己。具体表现为：你通过尝试控制不能控制的事情给自己设没有人能达到的目标来使自己产生不必要的焦虑。

重要的是，避免对你是谁，你做什么，以及你周围的其他人或者事做出评价，单纯地去接受你的体验。没有了贴标签和评判，你就会没有焦虑。例如，在与刚刚认识的人约会前，给约会贴上"恐怖"的标签会让你感到焦虑。而仅仅承认你要和刚刚认识的人约会可以避免产生消极情绪。

◎ 初学者心态

与不做评判的实践和技术相关，初学者心态是指要学会抱着开放乐观的心态及保持好奇心去探索和创新，避免先入为主的观念和标签。这需要你在一段时间内放弃自己所有聪明的、有洞察力的想法和观察。就像在学校选择一门你一无所知的课程一样，初学者心态让你以一个初学者的视角来看待所有的生活经历。

> 初学者心态是指对生活保持开放、乐观、探索和好奇的态度。

从本质上说，评判会抑制情绪的发展并助长焦虑。以一种见多识广的天真来对待生活，在智力上是具有启发性的，在情感上是自由的。举个例子，看看新生儿或者婴儿吧，他们擅长使用初学者的眼光来看待事情，他们每天的生活都充满了新的体验，这些体验产生了开放和乐趣。

◎ 无为

不要把无为与懒惰或者冷漠相混淆，与正念相关的无为指的是：有意识地不去做某些事情。换句话说，在你心烦意乱的时候，它会抑制你要采取行动的冲动，它能够帮助你避免冲动、爱争辩、爱评判的行为，以及当你情绪失控时会做的很多其他事情。无为需要进行大量的练习，它对于我们大多数人来说并不是自然而然的。

◎ 观察

"观察"和"看到"不同。"看到"是指当你走进一个房间时粗略看看电视上的球赛；"观察"是注意到观察对象很多细节的过程。观察会对所观察对象的形状、颜色、尺寸、质地、味道、气味和许多其他的特性进行精细而具有创造性的细节描述。一些抽象对象（焦虑、担心、害怕）也可以用来观察。

1. 闭上眼睛，保持30秒钟。放松自己的每一块肌肉，慢慢地深呼吸，不用特意去想什么，允许任何随机的想法在脑海中随意游走。

2. 当闭着眼睛的时候，选择一个你睁开眼后想要观察的物体，然后睁开眼睛。

3. 当关注物体时，尽可能多地去联想有关物体的形容词。如果你的眼睛游离到其他地方，把它们带回到要观察的物体上。你注意到什么？这个物体是圆的还是平的？它是闪光的还是无光泽的？看起来是重的还是轻的？它是光滑的还是粗糙的？毛茸茸的还是锯齿状的？它是空心的还是实心的？假装你是在向一个从没有见过它的人描绘它，尽可能细致地描述这个物体。

开始一段正念练习

现在你已经了解了正念是如何工作的，下面是一些你可以用来培养正念能力的小技巧。每个练习都可以帮助你整合我前面所列的正念的核心特征。刚开始时，你最好每天只坚持练习其中一种技巧，这样你就可以熟练地掌握它。当你熟练掌握了一个技巧之后，再开始下一个技巧的练习。你很有可能会发现其中的一些技巧比另一些更有效。但是，请尽可能多地尝试不同的技巧，因为当你掌握的工具越多，你就会变得更好。如果你觉得似乎在开始时并没有掌握技巧，不要沮丧，除非你习惯了经常练习这些技巧，否则很多技术都会显得陌生。首先，你的注意力会游离，你很容易被环境中的他人和事物分心。当你受挫感增加的时候，你可能会质疑这些练习的有效性，记住不要过早地选择放弃。就像这本书里所提到的其他技巧一样，练习是成功的关键。另外，如果感兴趣的话，你还可以从相关文献中学习这些技术的变形[1][2]。

◎ 呼吸觉察练习

1. 选择一个舒服的位置坐下，能够支撑颈部和背部的沙

---

[1] Segal, Z. V., Williams, J. G., & Teasdale, J. D. (2013). *Mindfulness-based cognitive therapy for depression* (2nd ed.). New York, NY: Guilford Press.

[2] Kabat-Zinn, J. (2005). *Full catastrophe living: Using the wisdom of your body and mind to face stress, pain, and illness* (15th anniversary ed.). New York, NY: Delta Trade Paperback/Bantam Dell.

发或者椅子都可以，或者坐在柔软的地面上，用垫子来支撑臀部。无论是坐在地板还是椅子上，确保你的脊柱和颈部挺直。这一点非常重要，因为很多人往往会在坐着的时候弯腰驼背。

2. 在你找到了一个挺直而且舒服的姿势后，如果是坐在凳子上，就把你的脚放在地板上，双腿不要交叉，轻轻闭上眼睛，想象有一根细线连接在你头皮的后面，轻轻地向上拉动你的头，使你的脊柱得到舒展。

3. 感受身体接触地面或你所坐的任何东西而产生的压力，把你的注意力集中在身体感觉上面，用一两分钟的时间来探索这种感觉。

4. 在呼吸时，有意识地注意你小腹的各种感觉。第一次做这个练习的时候，把你的手放在小腹上，并注意你的手和腹部接触位置感觉模式的变化，这一做法对你掌握该技巧会有帮助。

5. 将注意力放在每次吸气时胃部轻微拉伸的感觉上，以及每次呼气时胃部轻轻下沉变得紧缩的感觉上。在呼气和吸气整个过程中，尽你所能地让意识保持在腹部的感觉上。没必要特意用其他方式控制呼吸，就只是自然呼吸就好。

6. 尽可能地把这种接纳的态度应用到剩余的体验中。在所有的过程中没有什么是固定的，也没有什么必须要达到的特殊状态。尽你所能地，简单地让你的体验成为体验本身，而不需要它成为体验外的任何其他东西。

7. 当注意力从小腹转移时，不要担心。这是正常的，注意力就是这样。你需要做的便是承认这种转变并轻轻地把意识重新带回到小腹的感觉变化模式上。你可能需要几次尝试来完成这个过程，尤其是第一次开始练习的时候。

8. 尽可能地、温和地调整注意，你或许可以把注意力反复游离看成是培养耐心和好奇心的机会。

9. 继续练习15分钟，或者你愿意的话，也可以持续更长的时间[1]。

◎ 听觉正念练习

1. 找一个舒服的位置坐直或者躺下，确保你的脊柱挺直，肩膀放松，下巴放松，找到你身体中任何紧张的部位并放松它们。另外，确保你待在一个不会被打扰或者容易分心的地方。

2. 闭上眼睛，用前面所学到的呼吸技巧来做深呼吸，直到你达到高度放松和专注的状态。注意你的腹部随着呼气和吸气是如何起伏的。感受每次呼吸的温暖，因为它会洗刷你的整个身体（如果你觉得自己需要更多关于深呼吸的指导，查阅第六章相关信息）。

3. 把你的注意力从呼吸转移到耳朵上。想象你的耳朵变得足够大，能够收集到向你的方向传来的每一个声音。想象从所

---

[1] From *Everyday Mindfulness: A Guide to Using Mindfulness to Improve Your Well-Being and Reduce Stress and Anxiety in Your Life* (p. 12), by Thompson. Available at http://www.stillmind.com.au/Documents/ Everyday %20Mindfulness.pdf. Adapted with permission of the author.

有方向来的声音盘旋、旋转，飘向你的头部。

4. 让声音来找你而不是你去寻找声音。体验它们最纯粹的形式，不要用任何方式给它们贴标签或者进行评判，它们并不是响的、柔和的、令人讨厌的或者令人愉悦的——它们仅仅是声音。当它们发生的时候敞开心扉去体验它们，如果你发现自己在对它们贴标签或者做评价，承认自己真的这样做了，然后温和地重新把注意力转移到这些声音上。

5. 当你的注意力开始游离，你开始被各种想法分散注意力的时候，承认这件事的确发生了，不要评价或者变得沮丧——你并没有做错什么。

6. 慢慢地过滤进入你耳朵的声音，重新把注意力放在你的呼吸上。当你准备好的时候睁开眼睛。

◎　思维正念练习

1. 找一个舒服的位置坐直或者躺下，确保你的脊柱挺直，肩膀和下巴放松，寻找你身体中任何紧张的部位并放松它们。确保你待在一个不会被打扰或者容易分心的地方。

2. 闭上眼睛，用前面所学到的呼吸技巧来做深呼吸，直到你达到高度放松和专注的状态。注意你的腹部随着呼气和吸气是如何起伏的。感受每次呼吸的温暖，因为它会洗刷你的整个身体。

3. 把你的注意力从呼吸转移到你的思想上。想象你的想法以一种独特的形状和形式出现，体验它从空气中漂浮进入你的头脑中的过程。当它们进入意识的时候，允许它们自由通过，不要用任何方式打断或者阻止它们，避免贴标签、判断或者分析它们，随它们自由流动。

4. 活在当下。当你发现自己沉浸在对过去或者未来的担忧中时，承认你的确这么做了，重新把你的注意力放在思想进出大脑时的形式和形状上。

5. 慢慢地开始过滤进入意识的想法，重新把注意力放在你的呼吸上，在准备好后睁开你的眼睛。

◎　饮食正念练习

1. 找一个能安静、舒服地吃东西的地方。当和他人共进晚餐的时候是很难做正念饮食练习的，因为这样会让人分心。你可以在家里、办公室或者餐馆里找一个偏僻的地方。

2. 注意放在你面前的食物。观察它是什么样子的，看上去是冷的还是热的？食物是什么颜色的？它是在包装纸里、盘子里还是碗里？仔细闻闻它的气味，它闻起来是新鲜的、发霉的还是烧焦的？这些食物是否让你直流口水？

3. 咬一口。注意你嘴里的味道。它是咸的、甜的还是兼而有之？它的质地如何，是硬的、颗粒状的还是柔软的？它是否很难咀嚼或者入口即化？注意味道是如何在你嘴里以最大力度爆发然后减弱的。感受你的下巴在咀嚼时是如何动的，注意你的牙齿是如何咬碎每一口食物的。感受咀嚼过的食物从喉咙滑到胃里。

4. 每吃一口都重复相同的过程，直到你吃完饭为止。此时，注意你的胃是什么感觉，它感到满的还是空的？注意你嘴里残留的味道，以及你牙缝里是否有食物残渣？你是否感到口渴❶❷？

◎ 美的正念练习

1. 闭上眼睛，用前面所学到的呼吸技巧来做深呼吸，直到你达到高度放松和专注的状态。注意你的腹部随着呼气和吸气是如何起伏的。感受每次呼吸的温暖，因为它会洗刷你的整个身体。

2. 一旦你感到放松，闭上眼睛，在脑海里想象出一些让你感觉美丽的事物。这些事物可以是你配偶、孩子或者父母的面庞，可以是某个特殊的地方，一朵花或者一幅画，或者充满了朵朵白云的蓝天——它可以是你认为美丽的任何事物。

3. 当你想到了这个人、这个地方或者这个物品的时候，用心感受是什么让你觉得他很美丽？是他的肤色、颜色还是色调？是形状、质地还是气味？或者纯粹是因为你与之相关的温暖和爱的体验？持续练习10分钟。

4. 结束的时候，慢慢睁开眼睛。立即和别人分享你的体

---

❶ Nhat Hanh, T., & Cheung, L. (2010). *Savor: Mindful eating, mindful life.* New York, NY: Harper Collins.

❷ Bays, J. C. (2009). *Mindful eating: A guide to rediscovering a healthy and joyful relationship with food.* Boston, MA: Shambhala.

验，向他们描述这个人、地方或者事物，以及为什么对于你来说他是美丽的。可以和你身边亲近的人分享，也可以通过电话分享，当然，如果你愿意，也可以通过写作来描述它的美。尽可能详细地进行描绘，在这一过程中，留意你心中积极的情感。

◎ 新的体验

1. 闭上眼睛，用前面所学到的呼吸技巧来做深呼吸，直到你达到高度放松和专注的状态。注意你的腹部随着呼气和吸气是如何起伏的，感受每次呼吸的温暖洗刷你的整个身体。

2. 当你放松下来，环顾整个房间，找一个要关注的对象。这个对象可以是一幅画、一把椅子或者一个瓶子——任何清晰可见的物体都可以。把这个物体放到你附近或者你移动到观察对象附近，你要离物体足够近，以确保能够看到它的所有细节。

3. 仔细观察物体。想象自己来自1000年后的未来，你周围的环境，包括这个物体对你来说都是陌生的，你从没有见过这样的物体。保持好奇心，以敞开的心态来观察和学习。

4. 用10分钟的时间观察这个物体的各个方面。它是什么颜色的？它是高的还是矮的，圆的还是平的？它的质地如何？想象自己收集到足够多的细节，这样当你回到你的家乡时，就能向你的朋友描述它。

5. 在观察完这个物体之后，闭上眼睛在你的脑海里想象它，想出所有生动的细节。从它的上面、下面和侧面观察它，想象它的内部是什么样子的。当你结束之后，慢慢睁开眼睛。

总 结

为了试图跟上每天忙碌的生活节奏，你错过了生活中很多的小奇迹。正念帮助你放慢生活的脚步，品味那些奇迹。但是你必须以开放、乐意的态度去放慢脚步，并以一种不同的视角来看待生活。本章有以下重点内容：

· 多任务处理在当今社会很有用，但你需要放慢节奏，享受生活。

· 正念专注于现在，而不是过去或未来。

· 研究表明，正念可以改善身心健康。

· 当你完全专注于现在时，焦虑是不可能存在的。

· 有效地运用正念需要练习和耐心。

第四章　习惯不重要吗

保持良好的体魄是一种责任……否则我们没办法保持坚强的意志和清晰的头脑。

——乔达摩·悉达多（佛教创始人）

如果你和大多数人一样，把更多的注意力放在如何保养你的车而不是你的身体上，这会是一件很不幸的事。因为你的身体是一个比道路上任何交通工具都更加敏感和复杂的系统，如果不进行适当的保养，你的身体肯定会出现过早的磨损，比如声音异常或难以爬山（是的，我是在说你的身体），这些都可能导致你的焦虑。

你是否疑惑我们为什么更关注自己的车辆而非身体？其实不难理解。想想看，没有人要求你每年做一次健康检查，但是各个地方都会规定在你注册或者续签汽车登记之前，必须要进行烟雾、安全和车辆操作检查。你可能因为排放过多尾气、挡风玻璃破碎或者汽车尾灯故障以及轮胎磨损严重而被罚款，而你的医生通常会给你一个严厉警告就放过你。

问题是，在一个维护不佳、不平衡的系统中，焦虑会蓬勃发展。睡眠不足、不良的饮食习惯、过量摄入咖啡因和酒精以及缺乏运动（下一章会详细介绍）常常是危害健康的罪魁祸首。如果长时间不加控制，不良的生活习惯会导致身体和情绪的紧张。反过来，这又会增加担忧、压力、不堪重负的感觉、害怕、恐慌以及其他许多与焦虑相关的症状和问题。生活总体满意度会下降，健康问题开始出现，在某些情况下，抑郁就会出现。

好消息是，只要制定一个计划、付出一些努力并且愿意忍受一些轻微的不适，你就能够管理你的焦虑和与之相关的问题。这需要你对你的日常计划做出一些相对较小的调整。注意，尽管只是微小的改变，但并不容易。就像生活中大多数值得拥有或者要做的事情一样，牺牲和努力是必要的。为了本章所讲的技巧能够奏效，你需要对自己作出承诺，你也需要对你生命中关心的人作出承诺。永远不要低估对爱的人许下承诺所带来的改变的力量，这是一个重大的动力和毅力的源泉。一旦你作出了承诺，你所需要做的就是坚持下去。只有到那时，你才会看到这些行为在把焦虑降到可控水平方面所具有的不可思议的巨大作用。

> 对你和你关心的人作出承诺。

睡　眠

睡眠通常被人们认为是一件理所当然的事情从而忽视其重要性。如果你有一个迫在眉睫的要完成的事情或者想看一些深夜电视，首先受到影响的便是睡眠，如果你思虑过多并感到必须要为此担心，那么你晚上的睡眠会被削减。事实是，充足的睡眠是抵御身心疾病的最好方式。

成年人平均需要7~9小时的睡眠，有极少部分人仅仅需要5个小时睡眠或者需要长达10个小时睡眠。重要的是，睡眠时间仅仅是睡眠的其中一个维度，睡眠质量同样重要，甚至更重要。你可以睡一整天，但是如果你的睡眠并不提神，那么你全天都会感到疲惫乏力。

导致睡眠不提神最重要的原因是在夜间频繁醒来。夜间频繁醒来是由大量的行为和心理因素引起的，包括不良的睡眠习惯、

> 睡眠时间仅仅是衡量睡眠的维度之一，睡眠质量同样重要。

担忧和压力。你可以用下面的一些小技巧来帮助你获得更高质量的睡眠。你还可以下载一些免费的App来帮助你入睡。

◎ 睡眠贴士

处理当天遗留的压力。写下那些困扰你的想法和感受，和朋友或者爱人谈论这些问题。做一些能够让你放松下来的事情，这样你就可以为明天发生的事情进行休息。如果你无动于衷，你将会付出高昂的代价——一天中遗留下来的焦虑和压力会严重影响你入睡和睡眠。

不要躺在床上想事情。就像在第二章谈到的一样，你可以在每天固定的焦虑时间担忧，通常来说，20~30分钟就可以了，但

要确保你的焦虑时间和睡觉时间之间相隔至少1个小时。一般来说这样做会有两种结果：要么你针对现状作出了某些决策，要么你意识到为这个问题失眠是多么荒谬，并把问题推迟到明天再想。如果你必须要在床上思考一些事情，想一个你想要去度假的地方，想想过去做的能让你放松的事情并在脑海里重温，有意识地不去想那些在你脑海里反复出现的令人不快的想法。

在床上尽可能只做两件事：睡眠和做爱。当你在床上想做其他事情，比如看电视、读书或者玩电子游戏的时候，你就

> 床应该只用来睡觉和做爱。

把床和睡眠以外的其他事物联系起来了。因此当你因为想睡觉而躺在床上时，你的身体和意识都在为接下来几个小时的看电视而作准备。为什么呢？因为你教给它们床有这样的功能。床只用来睡觉可以重新训练你的大脑和身体。如果你在15~20分钟内不能入睡，起床做点儿别的，但别做太有趣的事情，比如整理衣服或者开始读书里新的章节（试试看吧，或许这本书就适合）。对了，我还提到了做爱。当然，根据上文我的逻辑，你可以理解为在床上做爱使床和性联系起来，从而导致和在床上看电视、读书、玩游戏一样的问题。这可能是真的……至少理论上是这样。然而，做爱可以极大地减少压力和焦虑，它能够促进神经化学物质的联合反应从而让最兴奋的人入睡。另外，在我多年的心理学实践中，从来没有一个病人向我抱怨说因为性生活干扰了睡眠。

睡前的一到两个小时让身心平静下来。睡前的1~2个小

时不要在跑步机上跑步或者吃辛辣的卷饼，又或者是和配偶吵架。一些睡前的准备工作可能会对入眠有帮助：给孩子们读睡前故事，洗个热水澡，为第二天的午餐准备食材，或者进行一次短暂而缓慢的散步。每天晚上都做相同的事情，这样你的大脑就会知道接下来会发生什么。

设定一个固定的起床和睡觉时间。 你的起床和睡眠时间越固定，你的身体和大脑就能够在你想要入睡和起床的时候越好地做出反应。就像我前面所提到的，身体和大脑都喜欢固定的规律。但是，如果你发现自己有"这很简单，我只在周末睡懒觉"这样的想法，我就必须要戳破你的幻想了：你的"睡眠—唤醒"习惯在休息日也要保持。试图在周末补觉只会耽误周一的工作进展，这又会导致长达一周的时间来恢复平衡。为了打破这个恶性循环，无论在工作日还是周末你都应该在相同的时间起床和睡觉。

不要在一天中的晚些时候打盹。 历史上曾有专家建议白天不要打盹，然而，研究表明小睡片刻可以减轻疲劳，并增加白天的精力和注意力。关键要注意不要睡太久（15分钟足矣）。在午后小睡一会儿，不要在下班回家后或者晚餐后打盹，否则会让你晚上的入睡变得非常困难。

不太确定怎样把这些睡眠建议为你所用？桑德拉的故事可能会帮助你了解一个人是如何将一些微小的改变整合到她的日常生活中（尽管并不一定容易），并取得良好的效果的。

桑德拉是一个高中老师，同时她还是两个孩子的母亲。她向医生抱怨说自己有睡眠问题。她的医生把她介绍给一位心理学家寻求帮助。心理学家在对桑德拉进行了解的过程中发现，很明显是她的很多不良行为导致了她的睡眠问题：桑德拉每天晚上花一两个小时的时间躺在床上担心工作的事情，还批改试卷和看电视。意识到自己有睡眠问题后，桑德拉开始尝试每天安排孩子们睡觉之后去健身房锻炼。她听说运动是改善睡眠的好办法，因为她太累了，而且在安排孩子们睡觉后很疲乏，每天她在去健身房的路上都要去加油站买一瓶功能饮料，以保证运动过程中有足够的动力。

心理学家指出，桑德拉的睡眠问题多是晚上的不良习惯导致的。他建议她每天试着早点运动，每天安排20分钟的时间用来焦虑和工作相关的事情。他还建议桑德拉，如果真的有必要在家办公，选择在书桌上而不是在床上完成工作。他强调了只能把床和睡觉联系在一起的重要性。

桑德拉对她的日程做了小小的调整。她决定在下班回家的路上去健身房；她用水和蛋白棒代替了功能饮料；每天晚上的7：00~7：20是她的"焦虑时间"，她用这段时间来担忧工作。仅仅几天的担心之后，她发现自己不再需要这么做了，晚上当需要批改作业的时候，她就会在书桌上批改，而丈夫就去给孩子们洗澡。不到一个星期，桑德拉就可以睡得很香了。

◎ 噩梦

噩梦是睡眠障碍的一个常见原因，它可以增加白天的压力和焦虑。事实上，噩梦是创伤后应激障碍的一个常见症状，创伤后应激障碍是发生在灾难事件后的一种焦虑障碍。创伤事件不是噩梦唯一的原因，事实上，许多研究表明，大约25%的人每月至少会做一次噩梦。下面的一些小技巧可以帮助你管理这些夜间睡眠的"搅局者"。

提醒自己，噩梦是正常的也是常见的。不论是否经历过创伤事件，噩梦都是常见的而且意料之中的。经历一个或者一些噩梦并不意味着你疯了，这只意味着你是正常的人类。

在睡觉前想一些开心和积极的事情。我们睡觉前想到的事情经常会影响我们的梦。用计算机编程作类比，在清醒时输入垃圾就会在睡着时输出垃圾。不要在睡前想那些令人烦恼的事情，另外，不要在睡前看恐怖电影、恐怖漫画或者玩暴力的电子游戏——这些画面会跟随你的记忆进入睡眠。相反的，想一些开心积极的经历，比如刚刚过去的假期，孩子迈出了他/她人生的第一步，或者当你还是孩子的时候和父母一起去游乐园的事情。最好有关于沙滩或者棉花糖的记忆，让它们跟随你进入梦境。

> 在清醒时输入垃圾就会在睡着时输出垃圾。

克服再次入睡的恐惧。很多经常做噩梦的人会害怕从噩梦中惊醒后再次入睡。噩梦是你睡觉时的想法，和思维一样，它们并不能伤害你，当下次害怕入睡的时候，提醒自己这一点。你给孩子的关于噩梦的建议同样适用于你自己。如果你发现自己情绪太激动以至于难以再次入睡，在床上花些时间来把注意力集中在积极和平静的想法上，让你的心率和血压恢复到正常水平。

写噩梦日记。记录下来你噩梦的频率和类型以及烦扰你的程度，这可以帮助你获得一种掌控它们的感觉。这样同样可以帮助你确认梦是否有同一个主题，并监控它们是在变得更糟、有所改善还是一成不变。如果你已经在看心理医生了，这个技巧会非常有帮助，因为你可以把你的记录带到谈话中，谈论你做梦的细节。你可以把日记本放在床边，或者可以用手机备忘录记下来你做梦的内容和与之相关的情绪。

改变梦。研究发现用中性或者愉快的内容代替梦中令人不安的部分可以减少噩梦的频率和强度❶。选择一个你想要改变的梦境，决定你想要怎样改变它，然后每天练习两次用视觉的方式排练这个新的"梦"，每次持续15～20分钟。如果你发现自己无法做到，那么你可能需要一位心理健康专家来帮助你。你可以在第十章找到寻求专业帮助的相关信息。

---

❶ Krakow, B. (2002). *Turning nightmares into dreams.* Albuquerque, NM: Maimonides Sleep Arts and Sciences.

咖啡因

对于大多数人来说，少量地摄入咖啡因是没有危害的。但是，对于焦虑的人来说，即使是少量的咖啡因摄入也会产生问题。而那些经历了严重焦虑，尤

过量摄入咖啡因和恐慌发作的很多症状相似。

其是惊恐障碍（心跳加速，感到末日临近，大汗淋漓）的人，对咖啡因的作用更加敏感。咖啡因实际上可以引发全面的惊恐发作，这是一种心理和身体都极度紧张恐惧的痛苦体验。咖啡因过量摄入与恐慌发作时的很多症状相似❶，这可以导致焦虑加重并且增加实际患病的风险。除了恐慌，咖啡因还能引起神经过敏、颤抖、紧张和恐惧的感觉，它还会导致焦虑、不安和易怒。

◎ 咖啡因是什么

咖啡因能够刺激大脑和身体，是世界上使用最广泛的改变思维的药物，主要通过阻断化学腺苷来恢复警觉性和注意力。咖啡因既有天然的，也有人工合成的，广泛存在于各种各样的饮料中，比如咖啡、苏打水、茶以及越来越受欢迎的功能饮料。咖啡因也存在于一些食物（巧克力）和某些药品（头痛止痛药）中。

---

❶ American Psychiatric Association. (2000). *Diagnostic and statistical manual of mental Disorders* (4th ed., text rev.). Washington, DC: Author.

惊恐发作的症状与咖啡因作用的对比	
惊恐发作的症状	**咖啡因的作用**
·心跳加速	·心跳加速
·大汗淋漓	·感到热或脸红
·呼吸困难	·难以入睡
·胸部和胃部不适	·胃部不适
·眩晕	·头晕
·感到与现实世界失去联系	·感到与现实世界脱节
·失控感和濒死感	·焦虑或紧张
·颤抖，摇晃，四肢战栗	·摇晃或颤抖

◎ 怎样才是摄入过量

在每天中等剂量（200～300毫克）或者2～4杯咖啡的情况下，咖啡因摄入被认为是安全的，对普通人不会产生明显的影响。但是，有焦虑症状的人承受不了这么大剂量的咖啡因，因此在早上或者下午喝咖啡时要格外小心。同样重要的是要了解你最喜欢喝的饮料、食物或者药物中咖啡因的含量。不同物品咖啡因含量差别很大，看上去很小的一杯咖啡或者似乎无害的一块巧克力可能会让你的焦虑情绪飙升。以下是一些常见饮料、食物和药物中的咖啡因含量[1][2]。

---

❶ Caffeine Informer. (n.d.). *Caffeine informer*. Retrieved from http://www. caffeineinformer.com.

❷ University of Michigan, University Health Service.(n.d.). *Caffeine*.Retrieved from http://www.uhs.umich.edu/caffeine.

普通食物、饮料和药物中的咖啡因含量	
巧克力	平均
巧克力味牛奶（227克）	8毫克
牛奶巧克力（28克）	7毫克
半糖巧克力（28克）	18毫克
无糖巧克力（28克）	25毫克
咖啡	
现磨咖啡（170克）	100毫克
速溶咖啡（1圆角茶匙）	57毫克
现煮低因咖啡（170克）	3毫克
速溶低因咖啡（1圆角茶匙）	2毫克
卡布奇诺（113克）	100毫克
浓缩咖啡（57克）	100毫克
拿铁（单杯）	50毫克
其他饮料（340克）	
可口可乐、健怡可乐	46毫克
胡椒博士	40毫克
激浪	54毫克
百事可乐	38毫克
红牛（232克）	80毫克
5-hour ENERGY	138毫克
怪兽	160毫克
茶（142克）	
冲泡的绿茶或红茶，美国品牌（3分钟）	40毫克
冲泡的，进口品牌（这里指美国本土外的品牌）	60毫克

速冲茶（1茶匙）	30毫克
冰茶（227克）	25毫克
低咖啡因茶	5毫克
非处方药物	
咖啡因片	
NoDoz	100毫克
Vivarin	200毫克
止痛药（每片）	
Anacin	32毫克
Excedrin	65毫克
Midol（最大强度）	60毫克

注：检索自密歇根大学保健处。

◎ 我是否要停止摄入咖啡因

如果你在食用咖啡因后焦虑状态会加重，专家的建议很简单：是的，你需要停止。但这是个私人的决定，就像减肥或者戒烟一样，戒掉咖啡因并不是一件简单的事情，尤其是如果你已经喝了很多年咖啡的话。但是如果你是那种对咖啡因低耐受的人，那么是时候停下来了。下面这个详细的计划可以帮助你成功戒掉咖啡因。

◎ 六步戒掉咖啡因

1. 明确为什么要戒掉咖啡因对你来说至关重要，写下来至少3条原因。一个最直接的原因是帮助你更好地应对你的焦虑。其实，戒掉咖啡因给你带来的好处不止于此，还可以降低高血压、改善睡眠、省钱。时刻记住这些理由，你可以把它们记在书签、名片甚至餐厅的餐巾纸上。要记住，记在哪里并不重要，重要的是要随身携带，这样当你站在星巴克门口或者想要去喜欢的餐厅买一杯冰茶的时候，就能够把它们拿出来提醒自己。

2. 学会应对戒断症状。没错，停止摄入咖啡因会有戒断症状。幸运的是，对绝大多数人来说这种症状是很轻微的，只会达到令人讨厌的程度。最常见的戒断反应有：

- 头疼
- 乏力
- 嗜睡
- 失眠

- 注意力不集中
- 易怒
- 流感样症状

3. 选择一个开始日期。这看起来似乎是个毫无疑问的事情，但是你会惊讶于很多人在设定计划后并不会付诸实践，

> 选择一个明确的开始日期。

仅仅因为他们还没决定什么时候开始。选择一个现实的开始日期，可以是下星期或者下个月。如果接下来的几周压力会非常大，那就等事情安定下来之后再开始。不要一次放弃太多的事情，比如你正在尝试戒烟，减少碳水化合物的摄入，或者在日常饮食中剔除面食，先应对那些挑战。最糟糕的事情莫过于试

图在生活中做出全面的根本改变，从而使自己陷入失败的境地。

4. 通过简单的图表记录自己每天的咖啡因摄入量。

5. 逐渐减少咖啡因摄入，避免突然戒掉。缓慢减少咖啡因的摄入可以有助于避免出现戒断症状。一般的经验是每周减少50%的摄入量。所以，如果你习惯于每天喝8杯咖啡（600～800毫克咖啡因），你应该在第一周减少至每天4杯咖啡，第二周减少到每天2杯，第三周减少到每天1杯，第四周减少到每天半杯。

6. 增加其他液体的摄入量。当你减少咖啡因液体摄入，无论是咖啡还是苏打水，用无咖啡因的饮料来替代它们是很重要的，这样可以避免脱水和头痛。理想的解决方案是用水来代替，水可以帮助肾脏排出体内毒素，也可以保持水分。如果你需要增添点味道，你可以尝试喝低热量、无咖啡因的运动饮料或者有味道的维生素水。

酒　精

酒精是仅次于运动的最古老的焦虑应对方式。而且它是目前最普遍的方式，超越了冥想、心理治疗和处方药的总和。为什么会这么普遍？简而言之，它有效果。是的，酒精是短时间内减少令人不适的焦虑感的有效途径。如果你结束了一天的高强度工作，或者和爱人发生了争执，又或者是为了缓解即将演讲而产生的焦虑情绪，喝上一两杯，你就会感受到酒精的效果。不幸的是，酒精最终总是会加剧焦虑。

◎ 酒精是怎样起作用和失效的

酒精是一种中枢神经抑制剂。换句话说，酒精会减弱大脑的活动，减缓思维、处理信息的能力和反应时间。这就是严禁酒后驾车的原因。

酒精会增加大脑中一种叫作 γ-氨基丁酸（GABA）的神经传递素的水平，这种物质可以让人保持平静和放松，并能够产生一种幸福感。但是，如果人们摄入过量的酒精，他们就会变得失去抑制，变得迟钝甚至不省人事，这就和苯二氮卓类药物（阿普唑仑、地西泮）的作用一样，这种药物通常用于治疗焦虑症。

尽管酒精对短暂焦虑能够快速有效地起作用，但是这种令人愉快的作用会快速消失，焦虑很快卷土重来，而且焦虑的程度往往比之前更强烈。人们通常通过更频繁和更大量地饮酒来体验相同的愉快效果。如果不加以控制，就会产生对酒精的耐受性并发展出酒精依赖，从而导致更多的问题。酒精也可以成为一种心理支柱，比如，有人会使用酒精来克服社交焦虑（在公众场所感到紧张和恐惧），对于这些人而言，如果事先不饮酒，他们会避免进入社交情境。

酒精对睡眠也会产生消极作用。毫无疑问，喝几杯酒能够帮助你更快地入眠。但是，你的睡眠节律会被打乱，当酒精离开你的身体时你就会过早醒来。这两个过程都会导致你第二天醒来的时候感到疲劳、易怒和宿醉——这完全是充满焦虑的一天的前奏。

◎ 识别和应对

现在你已经知道酒精可以应对慢性压力和焦虑，它虽然常见但并不健康。下一步就是学会识别导致你饮酒的原因，以及应该怎样应对饮酒。下面的练习能够帮助到你。

最后，关于酒精使用，如果你有酗酒问题，你应该寻求专业的帮助。你可以在第十章获得更多关于选择心理健康专家的信息，另外，CAGE调查问卷[1]可以帮助你评估问题是否存在。一般来说，如果这些问题里面有一个或者多个的答案是"是"，你应该去咨询专业人士。CAGE调查问卷的问题如下：

C：你是否曾经感到自己应该减少饮酒？

A：是否有人曾经因为批评你饮酒而让你感到厌烦？

G：你是否因为饮酒感到沮丧或者内疚自责？

E：你是否有过早上醒来第一件事就是饮酒，从而让自己镇定心神或者摆脱宿醉的经历？

---

[1] Ewing, J. A. (1984). Detecting alcoholism: The CAGE questionnaire. *Journal of the American Medical Association*, 252, 1905–1907.

识别饮酒的原因

1. 尽可能详细地描述一次你用酒精来应对压力或者焦虑的情况。

上周末我被一个男生邀请参加一个派对，我应该是第一次见到他。遇见他我感到很紧张，我之前见过他，但是他从没有见过我。在参加派对之前，我喝了三杯葡萄酒放松。

2. 描述一下在这种情境下酒精是如何发挥作用的？它是否降低了你的压力或者焦虑？是否给了你更多的信心？

葡萄酒帮我克服了焦虑，使我能够参加派对，它并没有让我更自信，只是让我不再那么在意。

3. 在这种情况下酒精有什么危害吗？对自己要诚实。

当我到达派对现场的时候，在酒精的作用下已经感到头晕了，我的朋友还说我讲话含糊不清。在派对上喝了更多的酒之后，我最终做了一些尴尬的事，尽管我已经记不起所有的事情，但听朋友说我一直在那个男孩身边晃悠而且还大声说话。从那以后我再也没有见到过他。还有，我觉得我的焦虑更严重了，我下周末要去参加一个派对，但是我现在比上周的那次派对感受到了更多的焦虑。

4. 你从哪里知道酒精是一种缓解压力和焦虑的办法？是从父母、朋友还是电视抑或是别的什么地方？

我的妈妈一直在和焦虑抗争。我记得在去公众场合和节假日的家庭聚会前会看到她饮酒并服用抗焦虑药。当她喝太多酒或者吃太多药的时候，她常常让所有人难堪。

5. 写下你认为酒精能有效缓解焦虑的3个原因（信念）。

A. 我妈妈多年一直用这种方式，所以它一定在某种程度上是有效的。
B. 深呼吸对于降低我的焦虑水平毫无作用。
C. 绝大部分人在第一次约会或者聚会前会喝几杯。

续表

6. 为第5题中的每个原因（信念）分别列出一个可替代的、质疑的或者相反的观点。

A. 它对我妈妈并没有起作用，她让每个人都感到尴尬而且最终妈妈不再愿意出门。

B. 我从没有试过放松技巧，说不定它们会有帮助。

C. 绝大多数人并不会通过饮酒缓解压力。我的朋友们不会这样，派对上的那个男孩也不饮酒。

7. 写下在这种情况下你可以采用的三种积极处理方式。

A. 我可以练习朋友教给我的放松技巧。

B. 我可以和朋友谈论我的焦虑，我也可以告诉派对上的那个男孩我的感受，说不定他会觉得这很有趣。

C. 我可以在去派对之前先去趟健身房，运动似乎总能让我放松下来。

8. 闭上眼睛，想象你做了这些积极的行为。对以后遇到相似的情况你采取积极行为的可能性进行1~10（1=没可能，10=很确定）范围内的评估，解释所有评分低于7的评级原因。

A. 7（评级）

B. 4（评级）：我朋友可能会拿这开玩笑，这会让我心烦意乱，我也不希望我的约会对象认为我"有问题"（解释）。

C. 8（评级）

营　养

焦虑并不一定是因为食物引起的，但这并不意味着你吃的东西不会导致焦虑。比如，你摄入的某些营养物质与神经递质的产生有关，神经递质在包含焦虑在内的情绪调节中起着关键作用。饮食也会通过大脑外的化学反应影响你的焦虑。许多食品添加剂会影响肝脏和肾脏等重要器官的功能，而这些器官会转而通过激素、酶和其他化学物质影响你的焦虑水平。因此，很重要的一点是：注意你吃的东西并减少摄入可能导致焦虑的食物。

对焦虑的人来说，糖类摄入可能会成为一个问题。当你摄入糖分时，你的血糖水平会先上升，随后下降。大多数人不易察觉这种变化，但是对于有些人尤其是那些对糖敏感或者有焦虑

> 血糖的急剧下降（也被称为低血糖）与焦虑的很多症状很类似。

症史的人来说，这种变化可能是巨大的。事实上，血糖的急剧下降（也被称为低血糖）与焦虑的很多症状（颤抖、头晕、心率加快）很类似。一个解决途径是减少糖分，也就是简单的碳水化合物的摄入，这些食物包括冰淇淋、糖、蛋糕、苏打水、果汁和许多其他食物。与此同时，你还应该增加复杂碳水化合物的摄入。复杂碳水化合物富含维生素和矿物质，需要更长的时间来消化，这使得血糖含量不会急剧下降和飙升。这种类型的化合物也被认为会提高大脑中5-羟色胺神经递质的水平，从而降低焦虑水平。复合碳水化合物包括所有的谷物、一些水果（橙子、李子、梨、葡萄柚）、蔬菜和豆类（扁豆、黑豆、豌豆、大豆）。

盐（钠）会使血压升高，从而增加身体压力。这种压力的增

加会导致慢性病。高血压也会使心率增加，这可以诱发惊恐发作。然而，盐是一种重要的矿物质，有助于维持一个健康的系统。我们不应该把它从饮食中消除，但是应该适当减少盐摄入。每日推荐盐摄入量是2300毫克，如果你超过51岁，或者患有高血压、糖尿病、肾脏疾病，那么你的盐摄入量应该控制在1500毫克以内。

在减少焦虑方面，对你的饮食做一些很小的调整就可以带来显著的效果。此外，它有助于你维持整体的身体健康，可以预防糖尿病、高血压、癌症和心脏病等问题。想了解更多关于营养和健康的信息，请访问https://www.nutrition.gov 或者 https://www.hsph.harvard.edu/nutritionsource/。

总　结

你如何对待自己的身体和你的焦虑程度关系密切。生活方式的改变相对容易实现，但是需要付出一些努力和牺牲。如果你真的作出了努力，你的焦虑肯定会有所减少。这一章有以下重点信息：

- 保养不好的身体是焦虑的温床。
- 咖啡因的作用类似于焦虑和恐慌的症状。
- 充足的睡眠对于预防和减少焦虑很重要。
- 酒精会增加焦虑，扰乱睡眠，并成为某些人的心理支柱。
- 某些食物会加重焦虑程度。

第五章　我对运动感到焦虑，该怎么办

空想只会燃烧0卡路里，消耗0脂肪，并达到0个目标！

——格温·罗（健身专家）

运动大概是自我管理焦虑最古老的方式了，酒精紧随其后位居第二。近年来大量的研究表明，单独运动，或者运动与心理治疗相结合，可以有效降低焦虑水平。事实上，有研究发现，对于惊恐障碍的人来说，有规律的运动计划和药物治疗一样有效[1]，这是个好消息，尤其是对于那些反对服用药物的人来说。正如你将在第十章学到的，用于治疗焦虑的药物常常有很多风险和副作用，并可能与其他药物和酒精产生消极的相互作用。另外，很多人纯粹因为是"精神类药物"而拒绝服用精神卫生类药物。除了对惊恐障碍有效，运动也被证明可以用于预防其他类型的情绪困扰。根据美国焦虑与抑郁协会[2]提供的

---

[1] Smits, J. J., Tart, C. D., Rosenfield, D., & Zvolensky, M. J. (2011). The interplay between physical activity and anxiety sensitivity in fearful respond ing to carbon dioxide challenge. *Psychosomatic Medicine, 73*, 498–503. doi:10.1097/PSY.0b013e318229992b.

[2] Anxiety and Depression Association of America. (n.d.). *Exercise for stress and anxiety*. Retrieved from http://www.adaa.org/living–with–anxiety/ managing–anxiety/exercise–stress–and–anxiety.

数据，积极并且有规律运动的人5年后患广泛性焦虑或抑郁的可能性要降低25%。

运动为什么有效

目前还不完全清楚为什么运动能有效降低和预防焦虑，现有研究表明与以下原因有关[1][2]。

运动可以产生幸福感。充分的运动可以促进内啡肽的释放，内啡肽是大脑中促进产生欣快感和满足感的神经递质。本质上来说，内啡肽其实就是人体自身的天然阿片类药物，也就是慢跑者所谓的"跑步的快感"。内啡肽能帮助慢跑者克服长途奔跑过程中的疲劳和疼痛。在某些情况下，运动爱好者会沉迷于这种天然的幸福感，并且每周花费数小时来安排下一次运动。不要担心，运动并不一定非要依赖健身器材，各种适度的运动方式都能够促进内啡肽的释放。

运动使你保持健康。有规律的运动对身体有数不清的益处，远离疾病当然是其中之一。运动可以增强免疫系统的功能，预防疾病的发生。研究人员认为运动通过汗液（身体自

---

[1] Mayo Clinic. (2011). *Depression and anxiety: Exercise eases symptoms.* Retrieved from www.mayoclinic.com/health/depression-and-exercise/ MH00043.

[2] Exercise and immunity. (n.d.). In *Medline Plus.* Retrieved from www.nlm.nih.gov/medlineplus/ency/article/007165. htm.

动降温的过程）和尿液（运动越多，喝得越多，排尿越多）来排出细菌和毒素。在运动期间，由于体温升高，白细胞（疾病斗士）数量会增加并进入血液循环，从而减缓细菌繁殖。运动还能够减缓压力荷尔蒙皮质醇释放到血液中，压力荷尔蒙是免疫系统的大敌。然而，过量的运动可能会适得其反：过量的运动会使身体虚弱，增加感染的可能性。一个成熟的建议是缓慢开始，建立你身体的耐力，特别是如果你很久没有锻炼的话。开始，你可能需要和一个私人教练或者规律训练的朋友一起锻炼，或者下载有教程的智能App进行学习。

运动促进冥想和专注。把环境中那些持续、频繁烦扰你的声音阻挡在外，是一种抵御压力和焦虑的好办法，在运动中冥想可以帮你达到这种状态。运动使人能够把注意力放在自己的呼吸和动作上，它们具有天然的节律性，能够引起轻微的恍惚状态，从而使人在短时间内活在当下并转移焦虑的想法。不过，有一点需要注意，时刻注意你周围的环境很重要，尤其是当你在户外运动的时候。如果你不小心，可能会无意中忽略交通或者周边环境的安全隐患。一开始，你可能需要在一个相对封闭的地方运动，比如，附近的健身中心。很多健身房会提供30天的免费会员试用期，不要着急拒绝他们的提议。

过滤环境中的不愉快刺激是抵御焦虑的一个好办法。

运动能够使身体放松。身体有个内在的"桑拿房"，也就是体温。运动可以促使人体内的温度上升，就像在蒸汽房里面待了20～30分钟一样，这会让人产生放松感。但是记住不要过量运动，如果你感到自己温度过高（不再出汗，胃部不适或者头晕），就要有意识地降低强度。

运动鼓舞人心。设定切实可行的运动目标，然后实现这些目标，这绝对是一个能够增强自信的好方法。即使是像每天餐后走10分钟这样的小目标也能够给你带来可观的情感回报。

设定目标并制订运动计划

设定一个切实可行的目标比你想象的要困难得多。比方说，你想要通过设定具有挑战性的目标来增强动力，但是，如果你设定的目标太遥不可及，反而可能挫伤自己的自信。频繁的过量运动还可能对身体造成伤害。无论哪种情况发生，都有可能会让你放弃运动。

在制订运动计划时，考虑两类目标是非常重要的：短期目标和长期目标。短期目标是指近期你想要达到的目标。举个例子，短期目标可以是买一双新的慢跑鞋，参加一个健身俱乐部，在新的运动计划的第一周内散步

> 目标应该是现实的、可达到的和具体的。

三次，或者是在第一个月减掉5斤体重。长期目标则更面向未来，通常需要完成之前设定的短期目标才能达到。长期目标比如：8分钟跑1600米，达到目标体重，或者在年底完成半程马

拉松。

　　无论是长期目标还是短期目标，都必须是切合实际、可达到而且具体的。一个现实的、可达到的和具体的目标如：每周安排三个下午，在6：00—7：00间散步20分钟。一个不现实、不可达到、不具体的目标如：每天工作前都跑很长一段距离。第一，"长距离"可以有太多的解释；第二，即使是优秀的运动员也不是每天都运动；第三，和大多数人一样，上班前你可能会有强烈的想赖床的冲动。一旦确定了你的短期目标和长期目标，用下面的方式列出它们：

短期和长期运动目标
短期目标
1. _____
完成截止时间：_____
2. _____
完成截止时间：_____
长期目标
1. _____
完成截止时间：_____
2. _____
完成截止时间：_____

　　如果你发现设定自己的运动目标对你来说很有难度，那么SMART策略也许能够帮助到你。SMART策略最早是为管理者设计的[1]，现在已经成为设定目标的畅销书。SMART是缩写词组

---

[1] Doran, G. T. (1981). There's a S.M.A.R.T. way to write management's goals and objectives. *Management Review*, 70, pp. 35‑36.

合，具体包括：

S（Specific）：具体的（准确阐明你想要达到的目标）

M（Measurable）：可测量的（你如何判断自己实现了目标？）

A（Attainable）：可实现的（是否确保能够达到设定的目标？）

R（Relevant）：相关的（它如何帮助你达到你设定的目标？）

T（Time-bound）：时间限制（最晚什么时候实现目标？）

下面是个SMART策略使用的实例，最初的几行已经作为示例写完了。

一旦你确定了你的短期和长期目标并开始锻炼，用下面这个运动日志来记录你的进步。或者就像我前面所说的，你可以用健身App来记录运动日志。

SMART目标设定工作表	
具体	列出你想要完成的具体目标。 我的新锻炼计划是第一个月每周至少锻炼三次。
可测量	你如何判断自己实现了目标？ 我将在我的智能App上记录我的锻炼过程。在4周结束时，我应该能够至少运动12次。
能实现	你的目标现实吗？是否有阻碍你成功的障碍？ 我的目标是现实的。缺乏动力和运动计划是潜在的障碍，但我能克服它们。

续表

相关	这个计划如何帮助你实现目标的？
	它帮我达到最终目标，减少我的压力，改善我的情绪，拥有更健康的身体。
有时间期限	你需要在什么时候达到你的目标？
	我将在10月1日前完成我的目标，也就是从明天开始的整整四周。

运动日志

第　周				
星期	运动类型	持续时间	难度	笔记
周一	步行	22分钟	3	这似乎太容易了，能够让自己感受到更多的快乐，我希望能够在运动后立即充满幸福感
周二	游泳	35分钟	6	发现自己在找借口不去运动，所以一直把游泳推迟到了一天中最晚的时间，然后就睡不着了
周三	——	0分钟	0	我今天没有运动也没关系，我正在适应新的生活规律。收拾好所有的游泳装备，明天一早第一件事就是去游泳，这样我就没有任何理由去耽搁了

续表

第　　周				
星期	运动类型	持续时间	难度	笔记
周四	游泳	35分钟	6	我为自己缺乏游泳技能感到尴尬，因为早上6：30隔壁泳道上有一节水上健美操课，也许他们不在的时候我会去游泳。或者干脆忽略他们的目光，说不定他们中的一些人甚至不会游泳
周五	慢跑 步行	45分钟	7	在孩子们锻炼的时候，我绕着足球场跑了几圈，非常担心别人在看我，差点被树根给绊倒。我很快就疲倦了，不得不走路

运动杀手

借口，我更喜欢称之为“运动杀手”，潜伏在你思想的每个角落里。它们泰然自若，随时准备好“杀掉”任何旨在激励你的想法和行为。这些活跃的“刺客”数量巨大，准确无误，对任何考虑不周的计划都是致命的。如果你想要在运动中取得成功，很重要的一点是对借口有所了解，下面是一些

借口是运动的杀手。

常见的借口。有关人们逃避锻炼时的更多借口，参见埃蒙德·博恩的《应对焦虑：减轻焦虑、恐惧和担忧的10个简单方法》第五章❶❷ 和石格特·奎尔的在线文章《应对运动借口的21种方法》❸。

我太忙了。相信我，我知道你有多忙。但是你每天有足够的时间来运动20～30分钟。你知道吗，美国人平均每周有34小时在看电视❹。是的，我是说34小时，也就是每天大约5小时，如果你每周有4天时间运动30分钟，仍然有32小时坐在电视机前。假设你一周只看10小时电视，减少到8小时，这样你就可以有时间锻炼了。你也可以在午休时间锻炼，或者在早上早起30分钟。

运动太无聊了。如果你一遍一遍地重复相同的事情，那么的确是这样的。当开始制订新的运动计划时，大多数人会想到散步或者慢跑。幸运的是，你可以选择很多其他的方式健身。如果你觉得慢跑很无聊，试试下列表格中的活动，无论你选择哪种方式，重要的是让你的日常锻炼保持趣味性。除了慢跑和散步之外的运动方式包括：

---

❶ Bourne, E. (2003). Coping with anxiety: 10 simple ways to relieve anxiety, fear & worry. Oakland, CA: New Harbinger.

❷ 国内译本《应对焦虑：九种消除焦虑、恐惧和忧虑的简单方法》，机械工业出版社。　　　　　　　　　　　　　　　　　　——译者注

❸ Quill, S. (2013, July 2). 21 ways to overcome exercise excuses. Men's Health. Available at http://www.menshealth.com/mhlists/overcome_exercise_excuses/.

❹ 《中国互联网络发展状况统计报告》显示，2017年上半年，我国网民的人均周上网时长为26.5小时，即每天大约4小时。　　　——译者注

- 游泳
- 骑自行车
- 徒步
- 做家务
- 玩飞盘或者接球
- 遛狗
- 推婴儿车

- 室内攀岩
- 普拉提
- 和孩子们做游戏
- 网球
- 跳舞
- 性（是的，性是一种剧烈的运动，可以增加心率，减少压力）

如果你仍然感到无聊，试着一边运动一边听音乐或者看电视，再或者找一个伙伴一起运动来保持你的动力。

我担心运动会引发惊恐发作。对于经历过惊恐发作的人来说，运动会引发焦虑。运动会增加心率和换气，这是惊恐发作最常见的两种症状。为了克服这种焦虑，重要的是提醒自己，你的心跳加速和呼吸变得沉重是有原因的——你在运动！一个真正惊恐发作的人常常无法意识到心跳和呼吸加速的原因。另一个有用的策略是慢慢来，让你的身心慢慢适应与运动的生理过程相关的感觉和想法。随着时间的推移，你会变得越来越舒服。

运动会花很多钱。如果你要买1000元的跑鞋，又要在最新的健身馆和游泳馆办理年卡会员，那么的确是这样的。远离购物中心，在全国连锁的体育用品店购物，你会发现一双合适的鞋子只需要100~300元。当你准备在邻近的健身房办卡前，先尝试在户外锻炼，户外免费而且风景优美。

我不知道该怎么做，人们会嘲笑我的。这种借口常常阻碍人们去健身房或者去一两次就再也不去了。这是可以理解的，你在当地健身房找到的各种各样的健身器材对你来说如此陌生，就像是科幻惊悚片里面的东西，事实上，它们并没有你想象的复杂。另外，大部分健身馆会为你提供免费的设备介绍。但是如果你过度关注自我形象，那就避开高峰时间，一般是早上的7：00—10：00或者是下午的4：00—7：00。至于感到人们嘲笑你，你现在可以放下这种歪曲的信念：人们并没有注意到你，他们沉浸在自己的不安中，专注于他们自己的运动和呼吸，太关注自己而没时间理会你发生了什么。

运动只会使我吃得更多。运动的确会导致摄入增多，但是你会消耗掉多余的卡路里。运动会增加饥饿感，这是你的身体在告诉你需要更多的能量来保持你的节奏。当你有这种感受时，恭喜你，你的运动计划开始奏效了。

我现在太累了，一会儿再运动吧。一定要警惕这个借口。这个借口非常有效，因为它让你暂时免除了不运动的负罪感。问题在于，你会陷入拖延和未兑现承诺的恶性循环中。我知道你很劳累，但是你在运动过后会感觉好一些，相信我。

记住，"运动杀手"力量强大，而且远不止已经列出来的这些。辨别出这些借口是成功的一半。

在"运动杀手"工作表上列出你常用来逃避运动的借口，并说明为什么这个借口是错误的或者你是怎么克服这个借口的。参阅已经提供的例子，补充另外的空白工作表。

"运动"杀手工作表

1. 今天下班后我太累了，不想去健身房。昨天晚上我没睡好，今天得早点睡觉。

反驳：我大部分时间都很累，而这正是我需要运动的原因。另外，如果能适当运动，我今晚可能睡得更好。

支持你论点的证据：很多次当我累的时候我强迫自己去健身房，几乎每次结束后我都发现自己充满活力。此外，2天前我去过健身房之后睡得很香。

我怎样克服这个"运动杀手"：我会提醒自己记住健身后的感觉以及运动后的睡眠状况。我会停止思考去健身房这件事，代之以行动直接去健身房。

2.＿＿＿＿＿＿＿＿＿＿＿＿＿＿＿＿＿＿＿＿＿＿＿＿＿＿＿

反驳：＿＿＿＿＿＿＿＿＿＿＿＿＿＿＿＿＿＿＿＿＿＿＿＿＿

支持你论点的证据：＿＿＿＿＿＿＿＿＿＿＿＿＿＿＿＿＿＿＿
＿＿＿＿＿＿＿＿＿＿＿＿＿＿＿＿＿＿＿＿＿＿＿＿＿＿＿＿

我怎样克服这个"运动杀手"：＿＿＿＿＿＿＿＿＿＿＿＿＿＿
＿＿＿＿＿＿＿＿＿＿＿＿＿＿＿＿＿＿＿＿＿＿＿＿＿＿＿＿

总　结

运动，无论是遛狗还是上班前跑步，都是预防和缓解焦虑的好办法。运动可以使身体释放令你感觉良好的化学物质，提高自尊，改善身体健康状态。一定要避免为逃避运动找借口，系好鞋带，迈出第一步。这一章有以下重点：

- 各种适度运动都能有效降低焦虑。
- 设定现实的和具体的运动目标。

· 放弃锻炼很容易，留意自己用来逃避运动的借口。

· 运动并不一定是无聊的，你掌握的运动方式越多样，你就越有可能坚持。

· 开始有规律的运动并不需要花费很多钱。避免购买不必要且昂贵的鞋子，或者在健身房购买多年会员。

第六章　我没时间放松

当你没有时间放松的时候正是你最该要放松的时候。

——西德尼·哈里斯（美国记者）

如果你发现自己在读这本书的某个时候暗想"说起来容易做起来难"，那么有可能就是在这一章。如果放松很容易的话，你就不需要求助于自助书籍了，对不对？事实上这本书的很多技巧都很有用，其中的一些技巧需要更多的时间和努力。在我看来，本章是比较容易掌握的一章。它不需要很多的时间，也并不复杂。你可能已经潜移默化地把放松融入你的日常生活中去了。如果你在一次紧张的会议后回到车里休息了15分钟，或者结束了一天的辛苦工作后喝了杯红酒，那么你就已经在使用一些基本放松技巧。对于一些人来说，只需要一些简单的技巧就能够在白天自然地休息一下，而对于另一些人来说，放松需要更加专注地运用新学到的技能。如果你属于后者，这一章会对你更有帮助。

成功的放松只需要做好两件事：第一，你愿意每天抽出来30~45分钟，如果你能投入更多的时间，那就更好了。但是，如果低于30分钟，那么你有可能体验不到明显的益处。第二，与第一个要求相关，你必须持续练习新的技术。就像生命中的许多事情一样，学习需要重复。记住，有很多练习一开始的时候看起来很笨拙。你不会觉得困难，但你会觉得有点焦虑，尤其是如果你需要在已经非常繁忙的工作中抽出时间来练习。当你学习新的技巧时甚至会感到有点傻傻的或者尴尬。根据我以往教授患者做放松技巧的经验，坚持使用技巧最常见的障碍是时间。当锻炼的时候，小心借口"我太忙了""我忘了""我的工作更多了"。这种借口就像冬天是寒冷的一样稀松平常。不要掉进这个陷阱。如果你真的很想要更好地控制焦虑，那么找到一种合适的方法来保证取得成功是很重要的。

呼　吸

很有可能，你已经掌握了呼吸的技巧。要不然你怎么会专注地阅读这本书呢？呼吸是一个自然自发的过程，它是一切生命体都以某种方式在做的事情。普通人一天中大约呼吸20000次，一生中也就是6亿次，但是，除非你有意识地注意呼吸，否则它通常在你的意识之外，你几乎不会留时间给这些重要的、维持生命的活动。现在是时候做出改变了，觉察和注意呼吸是有效对抗焦虑的第一步。现在你已经意识到了你的呼吸，让我们仔细看看你是如何呼吸的。

◎　胸式呼吸和腹式呼吸

绝大部分人是胸式呼吸，当人们吸气时，呼吸的力量集中在胸腔。胸式呼吸是一种低效的呼吸方式，在这种呼吸方式下肺没有被充分利用，因为肺没有扩

> 胸式呼吸是一种低效的呼吸方式。

张，导致运输到血液、大脑和身体的氧气和营养减少。这种浅呼吸的方式还会导致氧气和二氧化碳的水平不平衡，从而导致或者加重焦虑。长时间低效呼吸的常见症状包括：头晕、胸部不适和心率加快。横膈膜呼吸也称为腹式呼吸，是更加有效地向身体系统输送氧气和营养的方式。

在腹式呼吸中，横膈膜（见图示，隔在胸腔和腹腔之间的肌肉）收缩，迫使腹腔扩张。这种扩张产生的力量充满肺部，使得流向身体的氧气含量达到最大。与胸式呼吸不同，腹式呼吸使得体内的氧气和二氧化碳的含量保持平衡。腹式呼吸还刺激副交感神经系统，副交感神经系统是战斗—逃跑系统的一部分，负责在处理完真正的或者感知到的威胁后，把我们的身体恢复到正常的休息状态。具体来说，副交感神经系统减慢呼吸和心率。这种平衡和修复使人保持放松和远离焦虑的状态。你会在第八章了解关于战斗—逃跑系统的更多知识。但是现在，重要的是记住，当你持续缓慢而深沉地呼吸时，你的身体很难处于焦虑状态。

横隔膜

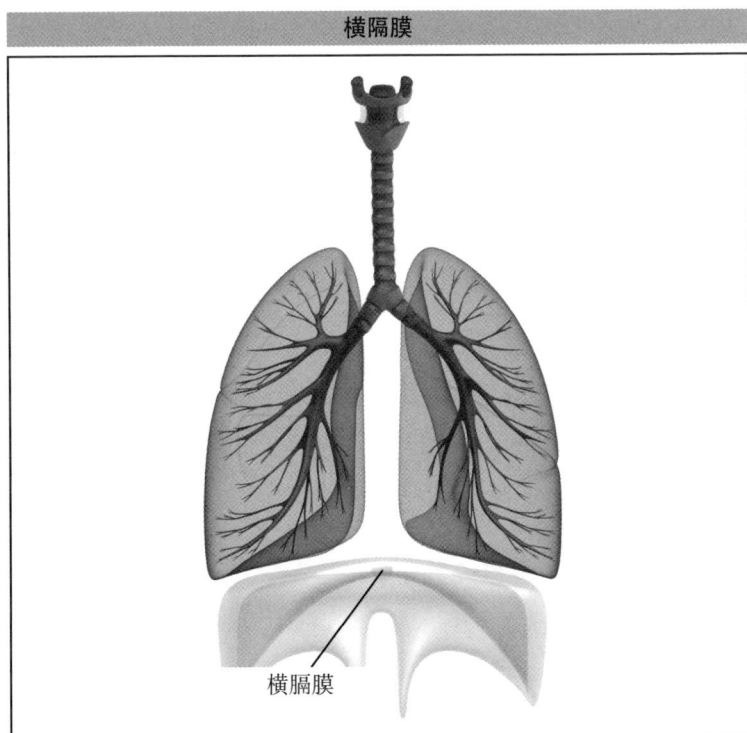

横膈膜

◎ 尝试用不同的方式呼吸

想要学会腹式呼吸非常容易，它涉及几个简单的步骤，只需要对你的日常习惯做微小的改变，每天至少做2～3次呼吸练习，每次持续15分钟。如果你坚持这个习惯，两周内你就能够训练身体在不知不觉中学会更高水平的呼吸。下面是这一练习的多种变式，可以帮助你入门。

腹式呼吸练习——版本1【平躺】

1. 找一安静舒适的地方躺下，确保至少15分钟内不会被打扰。可以是你的卧室、客厅的沙发上或是你的车里，座椅向后倾斜。

2. 膝盖轻微弯曲，头被舒服地支撑着，把你的左手放在上胸部，右手放在腹部，这将帮助你识别自己是胸式还是腹式呼吸者。如果你主要是胸式呼吸，那么每次呼吸时你胸部的手会活动，而腹部的手会保持相对的静止。相反，如果你主要是腹式呼吸，腹部的手会上升而胸部的手保持不动。如果你是腹式呼吸者，那么恭喜你，你可以跳到下一节了，如果不是，继续阅读。

3. 用鼻子慢慢地吸气，同时有意识地扩张腹部。此时应该感到放在腹部的手会上升，而放在胸部的手保持静止。如果你注意到放在胸部的手仍然在活动，集中注意力，每次吸气时使腹部上升。每次呼气时放松腹部，把它想象成一个泄了气的气球；每次吸气时想象气球充满空气，你的腹部就慢慢地膨胀起来。

4. 慢慢地用嘴呼气，让腹部慢慢恢复到正常的休息状态。你应该感到腹部的手下降，胸部的手继续保持相对静止。

5. 以大约每分钟6个完整周期（每个周期10秒钟）的速度重复这个过程15分钟。注意在练习过程中不要操之过急，呼气和吸气都应该是缓慢而平稳的。

腹式呼吸练习——版本2【坐着】

1. 找一安静舒适的地方坐下，确保至少15分钟内不会被打扰。可以是家里、办公室或车里的座椅上。

2．舒服地坐着，让你的腿、肩膀、脖子和头都处于放松的状态，把左手放在上胸的

> 我们把压力和焦虑储存在肌肉中。

位置，右手放在腹部。重要的是身体要放松，避免肌肉紧张。你的身体越僵硬，横膈膜越难以扩张。

3. 慢慢地用鼻子吸气，有意识地使腹部扩张。你应该感到在腹部的手会上升，在胸部的手保持静止。如果你注意到你胸部的手在移动，继续专注于每次吸气时使腹部上升。每次呼气时放松腹部，把它想象成一个泄了气的气球；每次吸气时想象气球充满空气，你的腹部就慢慢地膨胀起来。

4. 缓慢地用嘴呼气，收紧腹部肌肉直到你的腹部恢复到正常的休息状态。你应该感到腹部的手下降，胸部的手保持静止。

5. 以大约每分钟5～6个完整周期的速度重复这个过程，持续15分钟。

腹式呼吸练习——版本3[1]

以一种舒服的方式开始，躺着或者坐着都可以。用鼻子深吸一口气，缓慢而平稳，让空气流向肚脐附近的下腹部，让你的小腹在充满空气时膨胀。现在慢慢地呼气，让空气慢慢地从嘴里呼出。再一次地，缓慢地用鼻子吸气，再用嘴慢慢呼出。

---

[1] From *Relaxation and Wellness Techniques: Mastering the Mind-Body Connection* [CD], by M. Karapetian Alvord, B. Zucker, and B. Alvord. Copyright 2013 by Research Press. Adapted with permission.

许多人会让一部分空气滞留在上胸部，但本技巧的关键是让呼吸缓慢进入下腹部而不会引起上胸部膨胀。如果对你来说这样有困难，试着躺在地上，在上胸部放一本书或者一瓶水。练习平静的呼吸，试着使书本保持静止或者让那瓶水不起来。这就是腹式呼吸。腹式呼吸听起来很简单，但它是预防和缓解焦虑的有效途径。腹式呼吸对于克服惊恐发作，缓解演讲前或者坐飞机时的紧张情绪有着良好的效果。如果你坚持练习腹式呼吸，几周内你就能训练自己的身体以这种方式呼吸。

肌肉放松

无论你是否意识到，你可能是在全身肌肉紧张的状态下走路。因为某些原因，我们没有释放掉压力和焦虑，而是把它们储存在了我们的肌肉中，就好像我们在吃了大量的饼干和冰淇淋后把脂肪储存在肚子上一样。有意识地、系统地放松你的肌肉是一个绝佳的方式，可以让你的压力和焦虑转回到产生它的无意识领域。两种最好的肌肉放松的方法是渐进性肌肉放松和感觉集中放松。与腹式呼吸类似，这2种放松都需要每天练习至少3次，每次15分钟。

◎ 渐进式肌肉放松

渐进式肌肉放松（PMR）是由埃德蒙·雅各布森[1]博士在20世纪30年代发明的。渐进式肌肉放松包括两个步骤，身体肌肉有意识地紧张和放松。渐进式肌肉放松遵循系统的模式，从紧张和放松脚开始，到头结束。这个练习最重要的部分是肌肉在收缩和放松后的感觉之间的鲜明对比。渐进式肌肉放松的主要好处是，在这个过程中你能够体验放松肌肉的积极作用，并帮助你意识到放松肌肉的感觉，让你监控一天中的紧张和压力水平。从本质上说，担忧、害怕、压力等等都难以战胜放松的身体。为了完成这个练习，可以下载各种舒缓的音乐来帮助你放松。

渐进式肌肉放松练习

1. 找一个安静的地方舒服地坐着或者躺下，确保15分钟内不会被打扰。

2. 闭上眼睛，深吸一口气，数到5，然后慢慢地呼气，重复这个步骤五次（这是腹式呼吸融入练习的好机会）。

3. 双脚平放在地上，将注意力放在左脚或者右脚上。注意脚趾、脚踝、脚两侧、脚底和脚面的压力，如果你的头脑中闯入各种思绪，承认它们并慢慢地把它们推出意识。你可以把你的思绪想象成黑板上的粉笔，毫不费力地用黑板擦擦掉，继续

---

[1] Jacobson, E. (1938). *Progressive relaxation.* Chicago, IL: University of Chicago Press.

呼吸。

4. 向下弯曲你的脚趾，让你的脚尽可能地收紧，坚持5秒钟。把所有的注意力都放在脚趾和脚的紧张感上，密切关注这种感觉。

5. 慢慢放松你的脚趾和脚，注意紧张感释放所带来的放松。感受温暖的血液流回脚趾、脚和脚踝。

6. 重复步骤3至步骤5两次，同时继续呼吸。

7. 对身体的其他部分重复步骤3至步骤6，顺序如渐进式肌肉放松表所示。

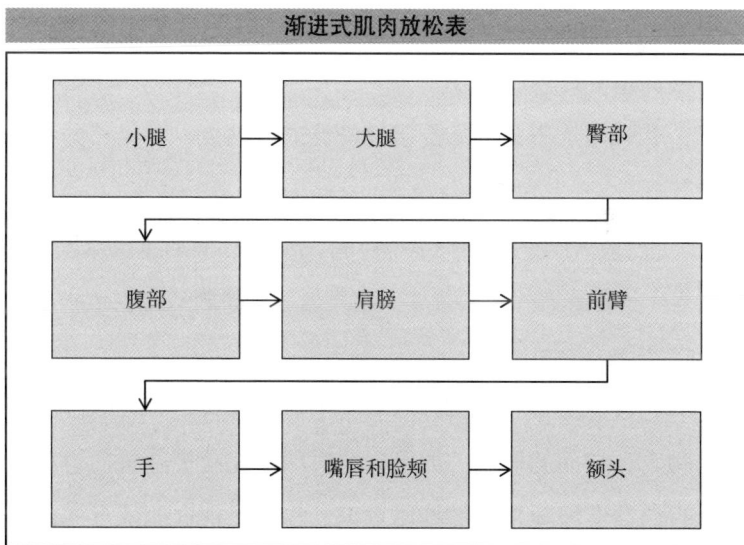

渐进式肌肉放松表

小腿 → 大腿 → 臀部

腹部 → 肩膀 → 前臂

手 → 嘴唇和脸颊 → 额头

表注：引自SPA ROAD项目《道路运输司机和中小企业的减压活动：生理物理练习的线上学习模块》，版权归运输联盟、通讯和卡斯蒂利亚-莱昂海上工人总工会所有。已获授权。

◎ 感觉集中式放松

和渐进式肌肉放松相类似，感觉集中式放松将注意力集中于从头到脚（或者从脚到头）的各种肌肉。然而，和紧张—放松肌肉不同，感觉集中式放松关注肌肉内的感觉并想象紧张感被冲走。这种方法结合了深呼吸、身体觉察和想象。感觉集中式放松并不比渐进式肌肉放松效果更好或者更差，它们仅仅是达到放松这一目标的两种不同方式而已。为了配合这一练习，你可以下载诸如海浪声、流水声等自然的和舒缓的音乐来辅助练习。

感觉集中式放松练习

1. 找一个安静的地方舒服地坐着或者躺下，确保15分钟内不会被打扰。

2. 闭上眼睛，慢慢地深吸一口气，数到5，然后慢慢地呼气，重复这个步骤五次（再次强调，这是另一个将腹式呼吸融入不同放松练习的好机会）。

3. 将注意力放在左脚或者右脚上。注意脚趾、脚踝、脚两侧、脚底和脚面的压力，如果你的头脑中充满了随机的想法，承认它们并慢慢地把它们推出意识。你可以把这些随意的想法想象成云层在天空中散开，慢慢从你的视线中消失，同时，保持腹式呼吸。

4. 想象温暖、舒适、治愈的水冲刷你的脚。感受水漫过你的脚趾、脚踝、脚面和脚底的感觉，注意温水带来的放松感。

花两分钟时间持续注意这种感觉。

5. 当你继续呼吸时，重复步骤3和步骤4，按照渐进式肌肉放松表中所提到的顺序来放松身体的其他部位。

6. 当你完成了所有主要肌肉群的放松后，想象自己除了嘴和鼻子，其他部位全部沉浸在水里。关注漂浮带来的温暖和失重感是怎样让你的身体放松的，并尽可能长时间地保持这种感觉。

想　象

引导想象法是一种通过引导你的想象来管理焦虑的方法，这种方法既简单又有效。专业运动员、精锐士兵和癌症病人以及那些希望缓解焦虑和压力的人经常会使用引导想象，孩子们也经常会使用，但大人们一般会笑称它为"白日梦"。引导想象常常被一些人认为是催眠的一种形式。在传统意义上，引导者（通常是咨询师或者教练）帮助人们进入他们的意象系统，引导他们启动焦虑事件相关的想象。例如，在一场大型锦标赛之前，一名专业的高尔夫球手想象自己在发球台打出了最好的挥杆动作，想象球在空中划出漂亮的弧线，然后看着球打进洞里。他会一遍又一遍地重复这个完美的击球，并注意他挥杆的复杂细节以及当球碰到球杆最佳位置的时候他手部的感觉。为了击出完美的一球，他还可以想象并且事先为潜在的障碍做好准备，比如突如其来的狂风或者沙坑。

引导想象的优势之一是你可以根据当前情境重新改写场景或脚本。举例来说，如果你正为即将到来的演讲感到焦虑，你可以想象自己正在发表获奖演说；如果你害怕下次去购物中心的时候会惊恐发作，你可以想象可能引发恐慌的诱因（比如，美食广场上有一大群人），并通过尝试管理焦虑相关的不同场景引导自己走向成功；或者你可以回想最喜欢的一段记忆，来让你感到幸福、安全和放松。重温记忆的伟大之处在于你的思想和身体无法区分幻想和现实，你可以仅仅通过想象来重建积极的感觉，这充满了无限可能。

下面是三个不同的引导想象的例子。第一个例子是一位经历过惊恐发作的母亲对参加女儿的比赛感到焦虑，第二个例子是一位在职妈妈，她在工作和生活

> 你可以根据当前情境需要创造场景。

中都承受着重大的压力，在试图解决问题之前，她需要放松；第三个例子是一个一般性的想象练习，没有特定的主题。在你开始之前，就像其他的放松训练一样，你需要找一个安静的不被打扰的地方，闭上眼睛，深呼吸几分钟。

引导想象示例1：一场大规模比赛

格蕾西的女儿下周将要参加省级排球冠军赛，她为女儿感到高兴并想要参加。但是，一想到周围那么多人欢呼尖叫她就感到极度紧张，她甚至担心自己会惊恐发作，一旦发作就无法走出体育馆。格蕾西的治疗师帮助她创造了

下面的脚本：

在离开家之前，想象自己刚把车停在了体育馆外的停车场。你害怕走进体育馆，你心跳加速，手一直冒汗，胃部在打结。你对自己说："如果我走进去，我会发疯的。"以及"我做不到。"

现在想象自己使用腹式呼吸。感受你的心率慢慢下降和你腹部的不适感消退。从车上看别人是怎么毫不费力地走进体育馆的。提醒自己你之前已经来过这个体育馆无数次了，而且并没有发生不好的事情。想象等你走进体育馆后坐的地方，这个地方可能是靠近门的长椅的尽头，也可能你会站在服务台附近，离出口很近。再次提醒自己，你之前已经做过很多次，你总是能够很好地完成它。现在想象你已经坐下了，你的心跳加速，有一种想要跑出去的冲动。你再次问自己是否能够处理这种感觉。继续深呼吸，用有效的想法来替代无益的想法。比如，关注你的女儿，以及你多么为她骄傲。提醒自己，万一你需要出去，看台两边都有出口。告诉自己你以前也这么做过，然后重新关注你的女儿。焦虑加剧让你感觉不知所措，出去几分钟但是不要走向汽车。深呼吸，放松，然后把无益的想法赶出去。回到你的座位上继续呼吸，关注你的女儿。

引导想象示例2：童年记忆

在过去的几周里，艾莉森过得很艰难：有好几个工作项目都即将交付，她最大的孩子在学校遇到了麻烦，她和丈夫之间的矛盾没有改善。她迫切地需要缓解情绪和身体压力。艾莉森的治疗师帮她开发了以下的脚本：

回忆你7岁时在祖母家度过的圣诞夜。想象自己站在祖母旁边，她正在做苹果派，你帮她削苹果。画面的背景是祖父正在给弟弟讲故事，清冽的空气从前门吹来，房子外面有鲜艳的树叶覆盖在褐色草地上，房间角落里旧黑铁炉子里散发的火鸡的香味让你垂涎欲滴。感受所有你能联想到的那天令人愉快的想法、感受、嗅觉、触觉、声音、味觉和视觉。记住你在那里的快乐，希望这一天永远不会结束。感受平静和满足充满了你的整个生命，赶走任何突然出现在你头脑中的杂念，试着不去想它们，想象你又回到了7岁。

一般想象练习❶

闭上眼睛，这会有助于你集中注意力，如果更喜欢睁开眼睛，那也可以。找一个舒适的姿势，可以坐着或躺着。在你感到舒适之后，想象一个让你感到安全和放松的地方，这里毫无压力。这个地方可以是你真实到过的地方，也可以是你想要去的地方，或者是你想象的地方。这个地方可以是室内也可以是室外，又或者兼而有之。这个练习的力量在于你可以决定自己去哪以及那里是什么样子的。

接下来，决定你周围的物体和风景是什么样子的。你可能

❶ General Imagery Exercise by Mary Karapetian Alvord, PhD, and Kelly A. O'Brien, PhD. Printed with permission.

是在森林里、山上或者沙滩上。你可能注意到了日出、日落或者星空。或者你待在房间里，这里有舒适的家具，说不定还有壁炉，里面有温暖的火焰。也许你被书、美丽的艺术品或者彩绘的墙壁包围着。

想象任何让你感到宁静的颜色。很多人会选择蓝色、绿色或者白色，但它可以是任何你选择的颜色，或者彩虹的颜色，让那些颜色包围着你。

温度刚刚好，可能有凉爽的风，或者温暖的阳光洒在你身上。想象空气在你皮肤上的感觉，用鼻子深吸一口气，这样你的腹部就会慢慢膨胀，屏住呼吸保持一会儿，然后慢慢地、非常缓慢地用嘴呼气。随着紧张感消退，慢慢地让你的肌肉放松。再用腹式呼吸的方式深吸一口气，屏住呼吸，慢慢用嘴呼气。每一次呼吸，你都会释放更多的紧张。对于一些人来说，他们的身体随着他们放松会变得沉重，另一些人会变得轻盈；一些人会觉得肌肉在变暖，另一些人会感到肌肉在变冷或者有轻微的刺痛感。

当你释放压力并让紧张感流出时，注意你身体的感觉。现在决定你想要听到什么声音，你可能会注意到一小股溪流的涓涓流水声或者海浪轻轻拍打沙滩的声音。或者你听到鸟儿的啁啾声，风铃的声音，背景中人的声音或者音乐，也有可能你会更喜欢安静无声。

现在，想象你周围的气味，可能是烤箱里烧烤的味道，可能是花香味，例如，玫瑰、紫丁香、薰衣草的味道，也可能是葡萄柚或刚割过青草的清新气味，再如，最喜欢的地方所具有的熟悉的气味，古龙水或者香水味或者其他任何你喜欢的味道。

选择让你感到愉快的口味和质地，也许是松脆的，是光滑的或者奶油味的，硬的或者软的，咸咸的空气的味道，热茶或者冰茶，第一口巧克力饼干的味道，或者你最喜欢的食物。你的头脑中没有紧张和忧虑。

用腹式呼吸的方式深吸一口气，屏住呼吸，然后非常缓慢地用嘴把身体内所有的紧张感呼出。简单地放松，让平和的感觉充盈你的内心和周围的空气。你可以选择伸展你的手指，慢慢睁开眼睛，或者放松地进入睡眠。

最后要注意，很多人发现在录音机上录下指导语并在放松时播放会很有用。除非你已经记住了指导语，否则每隔几分钟就要睁眼看看接下来要做什么只会适得其反，你可以在智能手机上下载一些免费的录音。话虽如此，灵活应变也很重要，你的指导语应当是符合你自己特点的指导语，你可以随心所欲地改变它。让你头脑中有创造力的部分占据主导地位。

总　结

放松是一回事，而真正去做是另一回事。无论是深呼吸、肌肉放松还是想象，这些技巧都是焦虑的强大对手，有效的关键是要经常练习。这一章有以下重点内容：

    ·缓慢而专注的呼吸是预防和减轻焦虑的好办法。

    ·紧张和放松肌肉会获得一种平静感、放松感和满足感。

    ·想象对于预防恐慌是有效的，它能通过过往经历唤起积极的感觉。

    ·为了使技巧发挥效果，每天至少用30～45分钟时间练习放松技巧。

第七章　管理我的环境意味着什么

一切胜利的秘诀在于不明显的事物中。

——马库斯·奥里利乌斯

"控制"这个概念经常被消极对待，可能是因为有些人把它和"被控制"联系在一起。当我们说到"控制"的时候，人们常常联想到那些专横、苛求、冷酷无情和轻蔑的人。对于某些人来说，这些形容词可能是正确的，尤其是那些把控制与不惜一切代价达到目的联系在一起的人。

但事实是，控制是件好事。控制让你能够管理日常生活中不同程度和类型的混乱局面。这很重要，因为混乱局

> 混乱局面是焦虑最好的朋友。

面是焦虑最好的朋友。而对于饱受焦虑困扰的人，他们最常见的抱怨之一就是失控感。

就像我前面提到的，世界是忙碌的和快节奏的，并不会关心你有多么紧张和焦虑。它并不会为了让你的生活变得更轻松而放缓速度或有所调整。当你既要准备晚餐、叠衣服、清空洗碗机、哄孩子上床睡觉，又不得不准备自己的演示文稿的时候，它不会因此而对你表示欣赏。它不知道你现在必须要照顾生病的母亲，或者正在处理和丈夫分离，因为他将被部署到两

万千米外的战区。这就是为什么要尽可能多地学习控制或者管理你周边的事物。如果你不去控制，你的压力和焦虑水平就会上升。好消息是，控制环境并不像它听上去那样困难，只要你愿意付出一些努力，做一些计划和多一点耐心就会很简单。

整理你的空间

我曾经害怕周一去上班，并不是因为我不喜欢我的工作或者周一比周二到周五更难熬，而是因为我的桌子乱七八糟的。就像你的车在长途跋涉中会变得凌乱不堪一样，我的办公桌在一周内有同样的经历和结果：拿出东西而不把它们归回原位，把不用的文件堆置在角落里而不是用碎纸机把它们撕碎，又或者在办公室的墙上贴满了要做事情的便签……仅仅是看着这些混乱就能让人产生这样的想法"我今天永远不会完成任何事情""我就知道我这周会错过最终期限"。从本质上说，这一周开始的时候我就感受到了担忧和压力。幸运的是，经过一个细心而又有组织的助手的帮助，这一切都发生了改变。无论你在家还是在办公室办公；无论你是在谈判数百万美元的合同还是在报纸上剪下商场优惠券，下面这些曾经帮到我的小经验也会帮助你消除杂乱，减少压力和焦虑。

彻底清扫。有时候你不得不重新开始。找个大箱子，存储箱或者垃圾桶，把桌子上所有的东西都扫进去，我并不是说让你扔掉什么东西，现在还不是时候。这样做只是为了让你的桌子变成一张白纸。一旦你的桌子变得干净整洁，重新想象一下你希望它变成什么样子。你想在哪些区域保持整洁？你最常使用的工作区域在什么位置？一旦你在头脑中形成了计划，从你之前选择的箱子里拿出一件东西并有策略地把它放回你的桌子上，一次只放一件物品。每当你拿出一件物品，无论它是一叠文件、一个订书机，还是一个特别大的篮子、一幅画或一台收音机，问问自己"这个需要放在我的桌子上吗？"如果答案是否定的，为这件东西找一个新的地方存放，然后进行下一步。

扔掉、撕碎、回收或者储存。几乎可以肯定的是，你桌上绝大部分的文件、笔记和收据除了让你的桌子看起来乱糟糟的之外，没有什么实际的用处。确定下来哪些是可以扔掉的，哪些是可以撕碎的，哪些是可以回收的。但是不要把一个待撕碎、待回收的盒子放在桌子下面，要立即行动。如果没做这一步，你只不过是把凌乱的物品从一个地方转移到了另一个地方。对于那些不能丢弃、不能撕碎或者回收的物品，找个地方存放它们。桌子上是否需要一个放满了各种笔的笔筒？你是否需要关于同一个人、一个地方或者一件物品的六张不同的照片？打印机是否可以放在桌子下面或者相邻的桌子上？好好想想为这些物品安置新的位置。

建立档案系统。不好意思，只是把东西放到抽屉里那不叫归档，你需要建立一个合理的系统。创建一些文件夹并清楚地标记它们。把物品和文档按照完成日期、完成状态或者重要性进行分类。按照年（或者月）储存商店收据。用存储箱来储存当前和未来项目相关的文档（注意不要最后搞得你办公区中放置太多的箱子）。根据到期日安排账单和优惠券。至于抽屉，只把必要的东西放在里面。塑料汤匙、坏了的回形针、糖纸以及丢弃的硬币可以放在其他地方。在这个过程中，你可能会意识到你需要一个新的储物箱或者文件柜来存放你所有的东西。如果你担心箱子价格，你可以在网上商城买到10元起的储物箱。

进入数字时代。现在你已经把所有的东西都放在了箱子、文件夹和抽屉里，想想哪些文件可以通过电子的方式储存在电脑或其他电子设备的文件夹中。一种可能的方式是在手机上下载具有扫描功能的App，这会帮助你把所有的重要的文件和收据保存在一个地方，同时可以节省桌面、抽屉和储物柜的空间。

每天结束工作时整理一下。即使前面所说的都做完了，如果你在每天结束工作的时候不拿出点时间用来整理，你很可能仍然会功亏一篑。在你离开办公室之前，或者你在家完成了你的工作之后，把东西收拾起来。如果这不具有可行性，每周结束时花一些时间来整理你的空间，周一上班时你会感谢自己的。

划分优先级然后行动

你经常被大大小小的日常生活事务所轰炸。每天你都要兼顾家庭、工作和社交活动。盲目地应对这些活动肯定会让你的焦虑和压力升级。为你每天的安排做一个系统的计划，避免你反复担心自己是否完成了所有需要完成的事情。它还能帮助你免受因为毫无准备而产生的恐惧感和慌乱感。试试下面的技巧。

列清单。马克·伍兹（Mark Woods）、特瑞博·伍兹（Trapper Woods）在他们极易操作和有效的《每天学点时间整理术》[1][2]一书中，建议用简单的方法来保持列表的条理性。不要试图把所有的事情都记在脑子里，待办事项清单能够帮助你每天、每周和每月的生活都在正轨上，它们让你保持有序并减少忘记某个待办事项的可能性。根据马克和特瑞博的理论，有三种类型的清单可以有效地让生活变得井然有序。

·第一种是每日清单。每日清单可以帮助你跟踪你每天要做的事情。它只不过是每天开始前或者前一天头脑风暴的任务列表。当你完成一项任务时，你只需要把它从清单上划掉。举个例子，你每日清单列表上的任务可能包括了足球训练后接孩子或者去干洗。

---

[1] Woods, M., & Woods, T. (2012). *Attack your day! Before it attacks you.* Upper Saddle River, NJ: FT Press.

[2] 本文中文译本《每天学点时间整理术》机械工业出版社。 ——译者注

　　•第二种是每周清单。这个列表可以让你把一周中重要的截止期限提前列出并集中写在你眼前。在一周中，你可以监察每个项目的进度。每周的任务往往比每天的工作任务更普遍。每周清单上可能包括的任务项，比如约个时间和老板谈谈或者叫管道工来修理漏水的水龙头。

　　•第三种是你的月度清单。从本质上说，这是帮助你预期重要会议、重要活动和近期到期事件的月度计划。例如，更换汽车里的机油或者清洗房子上的雨水槽。

　　没必要把这些待办清单做得特别精致。一个标准的便签簿就能解决问题。或者，如果你更喜欢数字化，你可以利用电脑或者手机上的日历功能记录待办事项。你会发现智能App程序可以帮助你完成这个工作，例如，Errands To-Do List[1]，Week Planner–Fast and Simple[2]，Everyday Notes Monthly[3]，滴答清单和水滴清单等。

　　给你的生活增添些色彩。马克和特瑞博的另一个简单有效的建议是用颜色给你的时间编码。对日程安排进行颜色编码是一种很好的方式，它可以帮助你把每天和每周的重要事项安排在显眼的地方。他们推荐红色、绿色、黄色和灰色，但是你

---

[1] Yoctoville. (2013) Errands To-Do List (Version 4.0.2) [Mobile application software]. Retrieved from http://yoctoville.com.

[2] Easun. (2011). Week Planner–Fast and Simple (Version 1.1) [Mobile application software]. Retrieved from http://blog.naver.com/belly3k.

[3] Adylitica. (2013). Everyday Notes Monthly (Version 2.0.7) [Mobile appli- cation software]. Retrieved from http://tomorrow.do/.

可以选择任何你喜欢的颜色。根据他们的建议，红色意味着停止！现在就去做。这些事情是刻不容缓的事情，比如从学校接送孩子，参加紧急会议或者向办理信用卡的银行询问为什么你的卡在杂货店被拒付。绿色代表着通行。绿色任务是你一天中的主要任务，比如平衡预算，准备本周晚些时候的演讲，安排一次商务会议。我们的目标是在白天尽可能多地完成绿色任务。如果你不能完成这些任务，世界也不会停止转动，但是，绿色任务很容易变成红色任务，所以要多加小心。黄色任务是那些不那么重要但是最终还是要完成的事情：清洗外套，拔掉花坛上的杂草，和朋友共进午餐。剩下的是灰色任务，灰色任务是浪费时间，应该避免，除非你完全忙完了其他事情。比如看电视或者上网。

不要拖延。美国作家马森库利曾说："拖延让简单的事情变困难，困难的事情变得更难。"拖延是效率的大敌。如果你想要征服这个敌人，你必须遵从这三个简单步骤。首先，不要想，要做。就像运动一样，一旦你开始告诉自己这件事是多么困难和让人不快，你就越不可能去做。其次，这个任务越不愉快，你就该越早地去做。清晨，你的大脑和身体得到充足的休息，困难和乏味的任务会变得更容易完成。把它们推到一天结束的时候再做的话，此时的你疲惫、困倦，很有可能你会说服自己明天再做。最后，在做完一件事之后奖励自己，无论是多么小的一件事。花5分钟时间休息，和朋友或者同事聊会儿天。奖励自己外出吃午餐或者喝杯咖啡，都会增强你的毅力。

学会委派

把任务委派给他人能够大大减少你的压力。诚然，尽管你可能会担心委派的这个人是否能够出色地完成工作，但你一天中承担无数责任的压力仍旧会减轻。这些又反过来会让你更有效率，感到更少的压力，并避免不断出现"我怎么才能做完所有的事情？"相关的不愉快焦虑。下面是一些关于委派工作的建议，可以帮助你开始。

学会放手。你首先放弃这样的想法：有且只有你才能正确地完成需要做的事情。这个世界充满了有能力的人。相信你周围的人，可能是你的配偶、孩子、父母或者同事，都能减轻你的负担（当然，他们是否愿意就另当别论了）。放下你对生活中小事的控制。

选择正确的人。在你开始承担任务之前，弄清楚哪些是你认为需要自己做的，哪些是别人可以做的。例如，如果让你丈夫放学后去接孩子回家会让你一整天都处在焦虑中，那么你可能会想要承担这个任务。让他去拿干洗的衣服可能是一个更好的选择。我们的目标是保持对那些被视为最高优先级的任务的控制，同时，放弃那些占用时间的其他任务，这些任务即使不做也不会有严重的后果。

具体化。当人们确切地知道期望的结果时，他们能够做得更好。当你把工作委派给别人时，一定要说清楚你需要对方做什么。例如，不要说"今晚能帮我收拾厨房吗？"而应该说"你能不能把洗碗机里的东西拿出来，把橱柜擦干净，把垃圾拿出去？"不要说"你可以帮我看孩子吗？"而是说"你今晚可以给孩子们洗澡吗？"你的指令应该清楚、直接、具体。另一个要注意的是：不要忘了在别人提供帮助后及时表达感谢。这是确保他们在未来再次向你伸出援手的好办法。

随访。如果你在分完任务之后就把它抛到脑后，这件事很可能是完成不了的。委托任务的一个很重要的部分是跟进并确保任务完成。记住，你仍然是这项任务的责任人，并且已经委托了别人代为执行。当人们知道有人要检查最后的成果时，他们更有可能完成任务。但是，这并不意味着成为一个专横的人，一个好的管理者总是尊重、耐心和理解他的员工。

给予赞美。《101系列·心理学》中提到，赞美是一种有力的强化方式。只需要一句简单的"谢谢"或者"你帮了大忙"，就能够让援助渠道畅通无阻。如果你太过于严苛或者挑剔，那么这个人不太可能在今后的道路上帮助你。

> 赞美是一种有力的强化物。

给"自我"留出些时间

电影《闪灵》[1]中杰克·尼克尔森提到的"只学习不玩耍，聪明孩子也变傻"，这句古老的谚语有几分道理，但是，更适合当今社会的版本可能是"只工作不玩耍会让人成为一个焦虑的女友、父亲、员工、朋友"等。努力工作是很好的，它让你感到自己是有价值的，并逐渐产生一种自豪感。但是如果你总是在用智能手机或者工作会议上的时间比和家人在一起的时间还要多，你的生活很快就会变得混乱、失去控制。在当今快节奏的世界中，娱乐是一种很好的平衡压力和紧张的方法。从童年到现在，你已经忘记了玩耍对你的情绪健康有多么重要的意义，是时候找回童年的乐趣了。

搞清楚你喜欢做什么。这个问题看似简单，但实际上你会发现相当一部分人无法告诉你他们喜欢做什么来娱乐。你是否喜欢远足，骑自行车，参观博物馆或游乐园，去古董店或者去邻近的旧物出售商店？你是否喜欢独处，和家人、朋友或者陌生人在一起？确定你所选择的活动（每天、每周、每月、每年）的频率，然后选择一个或几个你真正要做的活动。注意规避不现实的活动，例如，环游世界或者攀登喜马拉雅山。用下面的图表帮你做决定。第一个已经帮你做好了，你可以自行补充余下空白的娱乐决策日志。

---

[1] Kubrick, S. (Producer & Director). (1980). *The shining* [Motion picture]. United States: Warner Bros.

			娱乐决策日志	
活动内容	为什么要做这个活动	自己/和别人	做这件事的可能性（1～10）	障碍？解决方案？
去房地产销售处	我喜欢购物，这是买到物美价廉的好东西的好办法	我想我丈夫会乐意和我一起去	6	最近手头比较紧张，我可以先去浏览一下

　　安排娱乐时间。就像理财顾问告诉你要先自己付钱一样，你应该先安排你的休息时间。看看你每天、每周和每月的日程表，在安排其他事情之前，先用铅笔把你选择的活动写下来。把会议、工作和其他所有的任务都围绕你的空闲时间展开。下面是一个日常安排表，你可以写一些有趣的活动（根据你的活动内容，确定适合的周计划或者日计划）。

			娱乐计划				
时间	星期一	星期二	星期三	星期四	星期五	星期六	星期日
5：00早上 5：30							
6：00 6：30							

续表

时间	星期一	星期二	星期三	星期四	星期五	星期六	星期日
7：00 7：30							
8：00 8：30							
9：00 9：30							
10：00 10：30							
11：00 11：30							
12：00 12：30							
1：00下午 1：30							
2：00 2：30							
3：00 3：30							
4：00 4：30							
5：00 5：30							
6：00 6：30							
7：00晚上 7：30							

时间	星期一	星期二	星期三	星期四	星期五	星期六	星期日
8：00 8：30							
9：00 9：30							

优先安排休息时间。困难的部分已经过去了，你已经确定了你想要做什么和什么时候做。现在你必须要做了。不幸的是，对于很多人来说这是很艰难的一步。你已经经历了这么多麻烦，现在是时候把乐趣放在第一位了。不要因为一个会议或者处理一些可以等待的事情就把它从日程表中去掉。你必须改变对休息时间的看法，娱乐不是可有可无的选择，它是一种必须，就像是上班、上学或者做饭一样。

休假。休假是一个让自己过得开心的好方式，还能够让你摆脱日常生活中的烦恼。再次强调，并不是让你拿出两周时间环游世界。假期可以是和家人在公园度过一天，或者在离家一小时路程的家庭旅馆睡一觉，这些被称为"宅休假"，可以让你在不怎么花钱情况下摆脱日常生活的单调乏味。

减少噪声

焦虑的人往往对噪音非常敏感。这种高敏感可能是因为噪声会引起那些经历过创伤事件的人回忆起不愉快的经历。也可能是噪声会让已经焦虑的人感到失控、不安或者压力。不管怎样，减少你周围的嘈杂声和喧闹声是有益处的。

关掉电视。即使你不看电视，我猜你还会开着它。就像交通、警笛和狂叫的狗一样，电视已经成为你生活中可以接受的背景噪声源。做出一些改变，当你不看电视的时候就把它关掉。这不仅会减少你的电费，还会降低你的压力和焦虑。如果你是那种习惯于电视背景音的人，那就把电视音量调小一点。

关掉手机。我能理解关掉手机可能不太现实。你不想错过任何重要的电话。但至少在吃饭或者谈话的时候关掉它，或者把手机调成振动模式。

消除警报。你真的需要在朋友更新状态、收到短信息或者邮件时用尖锐的鸣叫声、一声巨响或者从歌曲《*Barry Manilow*》中截取的3秒钟的片段来提醒自己吗？警报是紧急信号，适用于火灾和龙卷风等更加严重的情况。除非你有理由怀疑朋友会有危险，否则关掉它们。

安排安静的时间。有时候你无法控制噪声，但是你可以让自己远离它。在白天安排一段可以离开的时间，去享受安静的自然乐趣。如果没其他办法，戴上耳机或者耳塞来减弱你周围的噪声。

更有效地沟通

你可能从没想过，其实你可以控制和你爱的人谈话的方式。当谈话效果不尽人意时，你的焦虑会增加。因此，有效管理你生活中的这个重要方面会为你的情绪健康带来好处。著名心理学家、认知行为疗法的创始人之一——唐纳德·梅肯鲍姆博士在《心理弹性路线图》❶一书中提出了一些如何与伴侣有效沟通的建议。

• 对别人的话表现出真正的兴趣，试着理解你伴侣的观点。

• 当你分享你的感受和想法时，别忘记回应伴侣所说的话，没有什么比被忽略更令人沮丧的了。

• 接受伴侣的观点，你不必同意它，但是要尊重它。

• 无论如何，不要打断或者终止别人的谈话，等他/她说完再说。

• 鼓励你的伴侣畅所欲言，让他/她在表达自己的感受和想法时感到安全。

冒着陈词滥调的风险再次强调，沟通不是一条单行道，它需要合作、理解，特别是交流对象的配合。对于我们大多数人来说，有效的沟通并不是自然而然的，需要付出努力并深思熟虑。但是如果你掌握了它，你就能更好地控制你的环境和你的焦虑。更多有关有效沟通的信息，尤其是与自信相关的信息，

---

❶ Meichenbaum, D. (2012). *Roadmap to resilience: A guide for military, trauma victims, and their families* （pp.49–50）. Clearwater, FL: Institute Press.

请参见第九章。

总　结

在当今世界，保持条理有序是件困难的事情。你被迫在无数需要持续关注的责任间反复权衡。学会聪明地工作而不是仅仅勤奋地工作是消除你周围混乱局面的关键。这一章有几点值得借鉴：

· 保持控制可以帮助你保持清醒和高效，并降低你的焦虑。

· 科技可以帮助你安排生活，降低焦虑。

· 创建待办事项并进行优先级排序，学会更好地管理时间将有助于你高效地履行职责，并降低你的焦虑。

· 人们常常忽略了娱乐的重要性，把休息时间安排在你每天、每周和每月的计划列表里。

· 过多的背景噪音、电子邮件和电话提示音会导致分心和压力。

第八章 我就不能远离让我害怕的事情吗

当我们面对困难，而不是回避困难时，大多数困难就会消失。

——奥里森·斯韦特·马登（美国作家《成功》杂志创始人）

恐惧和快乐、悲伤、愤怒、蔑视、厌恶及惊讶有什么共通之处？它们都是人类的基本情感。与后天习得的情感（如内疚和羞愧）不同，恐惧是人与生俱来甚至在出生前就存在的情感。尽管这种情绪令人不快，但恐惧有一个重要的作用：它让你保持安全。如果没有它，你可能会发现自己漫步在熊窝里，跳进有鲨鱼出没的水域中，或者仅仅依靠勇气和一根磨损的绳子就从20层楼的高处跳下……事实上，恐惧在人类进化中扮演了关键的角色。

战斗—逃跑系统

战斗—逃跑反应是恐惧情绪的生理和行为结果。这种与生俱来的机制根植于人类的基因中，并经由祖先传承下来，帮助人们在面对威胁时准备抵御（战斗）或者撤退（逃跑）。

威胁系统

"战斗—逃跑"系统让身体做好战斗或逃跑的准备。一旦发现威胁，你的身体就会自动做出反应。所有这些变化的发生都有很好的理由，但当它们发生在"安全"的情况下时，可能会感到不舒服。

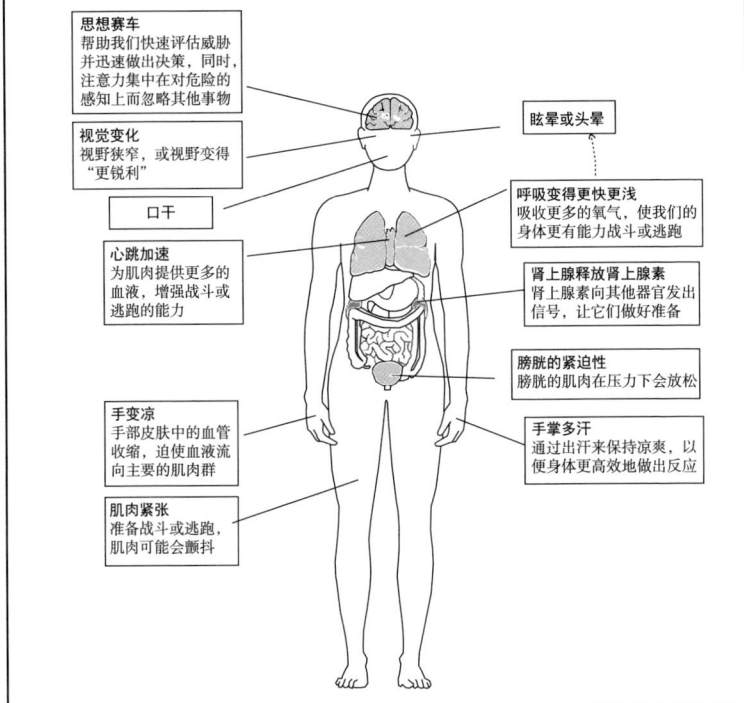

思想赛车
帮助我们快速评估威胁并迅速做出决策，同时，注意力集中在对危险的感知上而忽略其他事物

视觉变化
视野狭窄，或视野变得"更锐利"

口干

心跳加速
为肌肉提供更多的血液，增强战斗或逃跑的能力

手变凉
手部皮肤中的血管收缩，迫使血液流向主要的肌肉群

肌肉紧张
准备战斗或逃跑，肌肉可能会颤抖

眩晕或头晕

呼吸变得更快更浅
吸收更多的氧气，使我们的身体更有能力战斗或逃跑

肾上腺释放肾上腺素
肾上腺素向其他器官发出信号，让它们做好准备

膀胱的紧迫性
膀胱的肌肉在压力下会放松

手掌多汗
通过出汗保持凉爽，以便身体更高效地做出反应

注：图表来自心理学工具网，已获授权。

战斗—逃跑系统由交感神经系统和副交感神经系统两个平衡的部分组成，"战或逃"反应调节体内应激化学物质释放，这些化学物质会引发一系列高适应性的身体反应（见"威胁系统"示意图）。一旦威胁消失，系统就会恢复到一个人最初的休息状态。但是，就像大多数精细的系统一样，战斗—逃跑系

统也可能会出错，比如某些类型的焦虑，像是惊恐发作、恐惧和创伤后应激障碍。恐惧情绪，以及它的生理和行为后果，与不具威胁的情景、事件、记忆、人物和事物联系在一起，或者在患有恐慌症的情况下，人体内在的生物线路会交叉，导致不可预计的恐惧爆发。无论人们是否预见它的到来，恐惧都会给经历过它的人带来巨大的情感痛苦。

避免回避

我们都知道克服恐惧最好的办法是面对它。听起来特别简单是不是？可问题是，有意识地直面危险与你的身体和思想最本能的反应是截然相反的。事实上，你的身体和思想迫切地想要不惜一切代价避免这些威胁。这是合理的，尤其是当威胁真实存在的时候。但是对于有慢性焦虑的人来说，避免恐惧是一种高度强化。例如，如果你对去餐馆感到焦虑，宅在家里避免焦虑会强化你待在家里的行为。因此，等下次有人约你去吃午饭的时候，你很可能会拒绝。如果你害怕逛商场的时候会惊恐发作晕倒过去，你更可能会避免去商场或其他人群密集的地方。尽管回避带来了直接且显著的心理获益，但长此以往却会加剧个体的不适感，甚至给个体的生活带来毁灭性的打击：错过几次约会或者一两次购物通常都不是什么大不了的事情，但想要完全避免公共场合而永远不能离开家却是另一回事。

　　我的观点是，偶尔避免焦虑情境是好的。当回避成为一种应对方式并对你的家庭、工作、学习或者整个生活产生消极影响时，它就会成为一个问题。后者常常需要专业的帮助（参见本书第十章），下面的提示和技巧可以在自助层面帮助到你。

　　觉察是应对生活中挑战的第一步。因此，当你想要回避某些人、某些情境或者事件以求和焦虑保持距离时，能对此保持觉察是关键。一旦你能够识别出你的焦虑回避行为，你就可以采取行动了。下面的三个经验可以帮助你觉察你的回避行为。

　　关注你的感受。一般来说有焦虑的感觉是问题出现的第一个信号。这些感觉包括紧张不安，将要发生一些糟糕的事情的模糊感觉。感觉是一个很好的提醒，它会提醒你可能很快就会逃避一些事情。

　　关注你的思维。倾听自己对自己说的话是获得觉察的很好途径。当你听到自己说出诸如"我需要离开这里""有些事情感觉不对"或者"我不需要这样做"等语言时你就应该意识到，你将通过回避来避免焦虑。认真分析这些想法，分辨出是什么在驱动它们。有人刚说了什么让你难过的话吗？你看到了什么让你吃惊的东西吗？

　　关注你的行为。在社交场合，你是否发现自己正站在出口附近？哪怕不会堵车，你是否只在一天中很早或者很晚的时候开车？在工作中，你是否会避免需要在团队中讲话的新项目？持续关注你的行为会帮助你确认那些你做过或者没做过的事情，从而帮助你远离焦虑。

恐惧症

对于很多人来说，恐惧症是焦虑的主要来源，人群中约十分之一的人患有恐惧症。事实上，几乎每个人在一生中的某个时候都会经历某种程度的不适，这些不适至少与一件物品、一个地方或者一种情境有关。对有毒的东西感到厌恶具有适应性，这就和回避一样：这使我们保持安全。这种本能可以溯源到人类的早期祖先，他们被迫适应恶劣的和不适宜居住的环境。正是因为我们祖先对某些爬行动物、昆虫、动物、有毒植物和高处的恐惧，才使我们今天得以生存。

记录在案的恐惧症❶有500多种，最常见的包括对动物（如蛇，狗）、昆虫（蚊子）、血液/注射（看到血或者打针）、高处、飞行、公共演讲和死亡的恐惧，然而，实际上只有约10%的人被诊断为恐惧症。其余的大多数人在面对一个危险的或者令人毛骨悚然的人、地方或者事物时会感到某种程度的不适，这种不适对他们生活的影响远没有达到对一个有障碍的人那样严重。

恐惧症是习得的。在某种程度上，一个患有恐惧症的人已经学会了把焦虑和某些物品、人、地方或者情境联系起来。例如，一个被狗咬过的孩子可能会在以后的生活中发展为恐狗

---

❶ National Institute of Mental Health. (n.d.) *Specific phobia among adults*. Retrieved from http://www.nimh.nih.gov/statistics/1SPEC_ADULT.shtml [2]Culbertson, F. (1995). *The phobia list*. Retrieved from www.phobialist.com.

症；在经历了一次异常颠簸的飞行后，一个人可能会对坐飞机产生恐惧；一名妇女在地下车库遭到袭击后可能会发展出对黑暗和封闭空间的恐惧。还有一种学习是我们祖先通过基因遗传给我们的，例如，很少有人被蛇咬过，但是很多人怕它；绝大部分人没有从高空坠落的经历，但是当我们从摩天大楼的栏杆上往下看时，我们的膝盖会发抖。从本质上讲，一种极端的、通常是不现实的恐惧常常和某种事物有关，这种恐惧会让人尽其所能地避免这种东西，并且常常带来极端的生理和情感反应。在某些情况下，当面对恐怖的物体或者情境时，会导致人全面地惊恐发作。这对于需要出差的商人，对于住在有很多狗的社区的孩子，以及对于要去办公楼地下车库取车的女人来说，都是一个问题。

暴露疗法是怎样帮助你克服恐惧和恐惧症的

尽管恐惧症很常见也很令人痛苦，幸运的是，相关专家已经开发出了效果良好的治疗方法，特别是暴露疗法，被精神卫生专家认为是黄金标准。在20世纪中叶，心理学家约瑟夫·沃尔普❶将暴露疗法推广开来，暴露疗法让人在一种控制的和支持性的环境中面对自己的恐惧。通过逐渐地面对恐惧的物

---

❶ Wolpe, J. (1969). *The practice of behavioral therapy*. New York, NY: Pergamon.

体，配合放松练习，治疗师可以帮助人们降低和该物体相关的恐惧。

除了寻求专业人员的帮助，自助策略对于恐惧症也非常有效，其中一种比较有效的方法是分级暴露。具体步骤包括：首先对恐惧物体或者情境建立恐惧等级，恐惧等级从最放松到最恐惧分为1～10十个层级，1代表最不痛苦，10代表最痛苦。然后，个体以渐进的方式面对恐惧的对象或者情境。与突然面对极端焦虑使人痛苦不堪相比，个体以渐进的方式面对逐渐提升的焦虑等级可以有效降低焦虑水平。我们的目标是长时间地体验某一等级的焦虑感，直到焦虑感消失或者显著减少。一旦这个目标实现了，你就可以继续下一个等级的训练，直到能够承受最高等级的恐怖刺激。

为成功做好准备是非常重要的。不要从恐惧层级的最高层级开始，而应该是从一个让你感觉到中等压力水平的层级开始。例如，你可能希望从第5层级开始，如果你发现面对这个层级水平太困难，那么你可以降到第4层级或者第3层级，以此类推。如果你发现第5层级太简单，你可以试着重新评估和组织你的恐惧等级。重要的是要记住，我们的目标是长时间体验不适，从而让你的身体和大脑习惯这种行为带来的焦虑。这可能很困难，但这是重点。如果在任何时间你都感觉到这个活动过于压迫，那就把你练习的等级降低1～2个层级。如果你想要停止这个练习，这没关系，毕竟人们正常的倾向就是停止让他们感到压力的事情。但是尽自己最大努力去克制想要停止的冲动，只有当你经历了足够长时间的焦虑并使得在这一恐惧情境中的焦虑强度降低，暴露疗法才会起作用。如果需要，可以暂停练习，用前面你所学到的放松练习来让自己放松下来。等你的情绪恢复平静再开始锻炼。这部分给大家设置两个例子进行学习，第一个例子是害怕在公共场所出现的人的恐惧等级，另一个是关于害怕公开演讲的人的恐惧等级。找出所有感到恐惧的事件，这些事件会引发你的焦虑。对每一个事件进行1（最不痛苦）到10（最痛苦）的等级评估，5分代表中等程度的痛苦（见示例1、示例2）。此外，你还可以模仿该表制作专属自己的恐惧等级表格。

示例1：

恐惧等级——害怕出现在公共场所	
活动	痛苦水平
午餐时间在购物中心美食广场用餐	10（最痛苦）
去购物中心，走到美食广场，然后回来	9
开车去购物中心，坐在车里	8
走到家附近的商店购物，跟收银员交谈	7
走进家附近的商店，从一头逛到另一头	6
开车去家附近的商店，待在车上	5（中等程度）
去邻居家串门，进行简短地交谈	4
走到家门口的邮箱，然后回来	3
想象自己走到购物中心的美食广场	2
想象自己去家附近的商店购物	1（最不痛苦）

示例2：

恐惧等级——害怕当众演讲	
活动	痛苦水平
给一大群听众作15分钟的演讲	10（最痛苦）
给一小群听众作5分钟演讲	9
在一大群观众面前介绍某人	8
给一小群你不认识的人讲个笑话或者故事	7
在工作中作简要的、非正式的报告	6
自愿地在工作中作简短和非正式的报告	5（中等程度）
在家庭或者朋友间作2分钟的演讲	4
在家人或者朋友面前读报纸上的文章	3
看某人作报告，想象是自己站在讲台	2
跟朋友交谈你演讲的感觉	1（最不痛苦）

注意

分级暴露是一个有难度的练习，我强烈建议不要自己单独练习这个技巧，因为对于一些人来说，过度焦虑会导致头晕目眩和昏厥。如果你是这些人中的一员，没人陪伴单独使用这个技术会让你面临摔倒受伤的风险。所以，找个同样需要分级暴露训练的伙伴，两人互相帮助不失为一个好办法。还有一个选择是把克服恐惧作为一项家庭事务：可以尝试邀请一个家庭成员或者朋友，当你在练习过程中需要帮助时，他们能够提供物质和情感支持。重要的是选择一个不会在看到你遭受痛苦就心软让你停止练习的人，毕竟我们的亲人天生就有一种保护我们免受痛苦折磨的倾向。

适用于血液恐惧和注射恐惧

很多人一见血液或者针头就恶心。对于血液/注射恐惧的人来说，这种反应更极端：一旦暴露在这种环境下，他们会感到头晕目眩甚至昏厥。一看见血液或者针头就立即晕倒的情况并不多见，但是如果这种情况发生了，对这个人和周围的人来说都是很可怕的。

血液/注射恐惧的相关症状——晕眩和昏厥是心率和血压骤降引起的。这听起来和你前面已经学过的焦虑相关的知识相反，前面提到焦虑会导致心率加快和血压上升。在血液和注射恐惧触发（看到血液或者接受注射）前，心率和血压的确是升高的，但是几秒钟后，它们会迅速降低。在心率和血压降低之后，流向大脑的血流量就会减少，从而导致头晕、恶心和昏厥，这一过程被称为血管迷走神经性晕厥。迷走神经负责调节心率和其他的身体功能，在受到过度刺激的情况下便会引发上述反应。血管迷走神经性晕厥很少导致严重的或者持续的伤害，但是，昏厥或者昏厥后跌倒往往会导致不可控的伤害，这就是为什么有血液或者针头恐惧的话，一定要坐着或者躺着，让你的医生、护士或者实验室技术人员知道你容易发生昏厥。

血液/注射恐惧最有效的治疗方法是施加压力。施加压力是一种简单易行的方法，教会自己如何有意识地在事件发生前或者发生时升高血压，可以防止晕倒或者至少减少晕厥后的恢复时间。例如，在献血或者打针之前，你可以有目的地在扎针之前增加你的血压，这将有助于防止你的血压降得过低。或者在你手足无措的时候可以增加你的血压，这样会对抗虚弱的感觉。下面的提示会帮助你正确地升高血压[1]：

1. 找一个安静舒服的地方坐着或者躺下。紧张你手臂、腿或者躯干的肌肉，持续15秒或者直到你感到脸部和头部有一种温暖的感觉，放松20秒，重复这个步骤五次。

2. 每天至少重复步骤1五次，坚持一周时间。尽量保持在每天相同的时间以相同的姿势（坐着或者躺着）进行练习，从而让这个练习成为自动化反应。你不仅想要预防血管迷走神经性晕厥的发生，还想要在它们出现的时候能将它们击退。

3. 像前面展示的那样建立一个恐惧等级，从1～10，构建引发血液/注射恐惧的不同恐惧等级的物体、事件或者情境。对每一个事件进行1（最不痛苦）到10（最痛苦）的等级评估，5分代表中等程度的痛苦。像下面示例中所展示的那样，逐渐将自己暴露在这些物体、事件或者情境中。使用施加压力技术来克服心率或者血压下降的影响。

---

[1] Davey, G., Cavanagh, K., Jones, F., Turner, L., & Whittington, A. (2012).*Managing anxiety with CBT for dummies*. West Sussex, England: Wiley.

恐惧等级——血液/注射恐惧	
活动	痛苦水平
打针或者献血	10（最痛苦）
用无菌针扎手指	9
手里拿着针或者注射器	8
接触针头或者注射器	7
在现场看别人打针或者献血	6
看别人打针或者献血的视频	5（中等程度）
看针头或者注射器的真实图片	4
看一幅针头或者注射器的卡通图片	3
与朋友谈论注射或献血	2
想象打针或者献血	1（最不痛苦）

注意

　　和暴露疗法一样，不要独自使用施加压力法。我强烈建议找一个人来帮助你。事实上，我不建议你在附近没人的时候使用这个技巧，以防当你摔倒的时候没人扶你起来。晕厥是真实可能发生的，它会导致受伤。

　　记住，从中等难度的活动开始练习，反复练习直到你的焦虑消失或者下降到你可以控制的强度。然后升高恐惧等级继续练习直到你练习到最高等级的恐惧水平。

总　结

恐惧症是一种常见的现象，最常见的包括对蛇、动物、公共场所讲话、身处高处以及血液/注射的恐惧。然而，在已经记录在案的500种左右的恐惧症中，这些只是一小部分。恐惧症在很多情况下需要专业治疗并能取得良好的效果，当然在某些情况下，简单的自助技巧也可以用来控制恐惧。本章有一些要点值得借鉴：

•恐惧的现实意义：它帮助人们远离真实的威胁，只有当恐惧在想象的威胁或者影响生活质量的情况下发生时，它才会成为问题。

•回避会强化恐惧和焦虑。

•分级暴露的目的是逐步对抗焦虑，体验焦虑直到焦虑水平降到可接受范围内。

•在治疗室之外尝试使用暴露疗法时，你应该寻找一个可以给你提供支持的人帮助你完成练习。

第九章 如何在恐慌来临前控制它

我们会体验到完全无忧无虑的时刻，这种短暂的喘息叫作恐慌。

——库伦·海托里

惊恐发作是全世界最常见的焦虑症状之一。据估计，大约有三分之一的人在一生中的某个时刻会经历惊恐发作。那些有过这种经历的人通常认为惊恐发作是所有焦虑症状中最令人痛苦的。惊恐发作的主要特点是事出突然，个体没有任何征兆地出现极度恐惧状态。处于这种状态的个体会经历一种恐惧感、"大祸临头"感、窒息感甚至濒死感，常出现一些诸如"我感到自己要疯了"或者"我要不行了"等一系列想法。惊恐发作还会伴随一些痛苦的生理体验，在惊恐发作期间，个体可能会报告说心跳加速、出汗、震颤、呼吸短促、眩晕、恶心以及麻木（参见第四章，以获得更全面的列表），胸痛的报告也比较常见，并常常导致一些人认为自己是心脏病发作。讽刺的是，原本正常、无害的身体感觉却会引发恐慌——个体可能会把轻微的刺痛、疼痛感或者震颤解释为即将惊恐发作的信号，然后就会导致发作。人群中大约有3%的个体因为反复的惊恐发作和担心再次惊恐发生而惴惴不安，产生期待性焦虑，最终往往被诊断为惊恐障碍❶。虽然惊恐障碍的发作机制非常复杂，但"惊恐障碍发展过程图"提供了基本的解释。与惊恐障碍相关的惊恐发作和与恐惧症相关的惊恐发作不同，后者通常伴有具体的或者特定的触发因素（例如，看到一条蛇，发表演讲），但前者通常是毫无缘由的，没有可识别的触发因素。

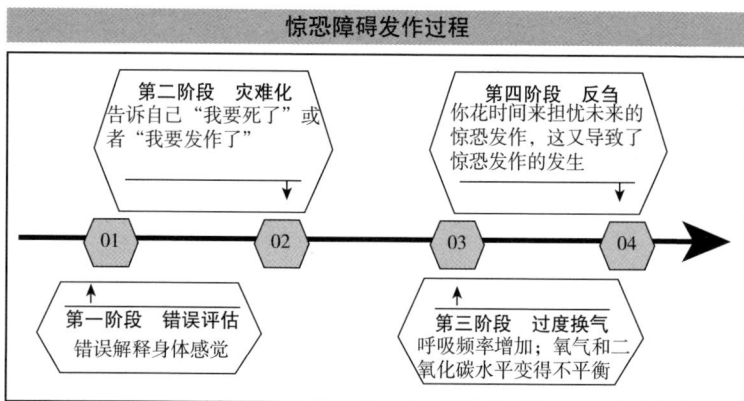

惊恐障碍发作过程

第二阶段　灾难化
告诉自己"我要死了"或者"我要发作了"

第四阶段　反刍
你花时间来担忧未来的惊恐发作，这又导致了惊恐发作的发生

01　　02　　03　　04

第一阶段　错误评估
错误解释身体感觉

第三阶段　过度换气
呼吸频率增加；氧气和二氧化碳水平变得不平衡

什么导致了恐慌

交感神经系统和副交感神经系统负责惊恐发作。就像第八章所提到的，这些系统监视许多功能，可以帮助你在面对威胁的时候做好准备采取行动，并在威胁消失时帮助你恢复到平静

---

❶ National Institute of Mental Health. (n.d.). *The numbers count: Mental disorders in America.* Retrieved from http://www.nimh.nih.gov/health/ publications/the-numbers-count-mental-disorders-in-america/index. shtml#Panic.

状态。战斗—逃跑反应正是这些系统的主要组成部分。自人类诞生以来，这一系统就作为一种内部预警系统，保护人类免受外部危险的侵害。但在惊恐发作尤其是与惊恐障碍相关的惊恐发作中，神经系统会发出错误预警，即在没有威胁时产生威胁感。

在恐惧启动时，会发生几个生理过程。首先，肾上腺素会被肾上腺释放到血液中，这会产生心跳加速、出汗和呼吸短促的症状。其次，由于呼吸速度加快，体内二氧化碳含量会下降，这会导致眩晕、麻木、抽搐和皮肤发红。最后，肾上腺素会导致体内血管收缩，此时，个体会感到发冷、头晕和昏厥。

> 肾上腺素激增导致心跳加速、出汗和呼吸急促。

控制恐慌的技巧

惊恐发作和惊恐障碍可以通过心理治疗和药物治疗得到有效控制，其中心理治疗是最有效的[1]。此外，一些自助技巧同样可以帮助你降低、管理甚至消除恐慌，下面是一些有用的技

---

[1] Charney, M. E., Kredlow, M. A., Bui, E., & Simon, N. M. (2013). Panic disorder. In S. M. Stahl & B. A. Moore (Eds.), *Anxiety disorders: A guide for integrating psychopharmacology and psychotherapy* (pp. 201 - 220). New York, NY: Routledge Press.

巧介绍。

◎ 心理教育

对于干预惊恐障碍来说，知识就是力量。了解惊恐发作是什么，为什么会发生，以及如何克服都是很有必要的。除了你已经十分了解的战斗—逃跑系统以及惊恐发作的原因和症状，下面的信息对于你控制自己的焦虑也有重要作用。

从没有人因恐慌而死去。惊恐发作状态下你可能会感觉自己快要死了，但实际上从未有人因单纯的恐慌过世。胸痛、呼吸短促以及刺痛只不过是某些化学物质影响了你的生理体验，你并没有心脏病发作，也没有窒息或者要晕倒。

惊恐障碍非常短暂。惊恐发作带来的痛苦通常会在10分钟内达到顶峰。事实上，恐慌往往在几分钟内就会消失，但是不排除你会在发作结束后很长时间内仍受到其影响，比如很多人报告说，在发作后的30～60分钟后仍会感到不安或心烦意乱。但最糟糕的情况很快就会过去，当你处在惊恐发作的痛苦中时，一定要记得提醒自己这些事实。

一次或者两次的惊恐发作不足以被诊断为惊恐障碍。周期性的惊恐发作并不意味着你疯了、崩溃了或者注定要遭受意外的恐慌。记住，多达1/3的人在生命中的某些时候会经历惊恐发作，但只有不到3%的人发展成了惊恐障碍。提醒自己记住这些事实。

注意引起恐慌的诱因。不同的人、不同的地方或者不同的食物会在不同的人身上引发恐慌。注意那些引发你恐慌的诱因：惊恐发作往往是在早上、晚上还是睡觉的时候？是否只在特定的人面前或者特定的地方中发生？是否在喝完咖啡、前一天睡眠不足或者压力水平到达某种状态之时出现这一症状？做一个好侦探，找出导致你痛苦的诱因。

治疗有效。别害怕，哪怕恐慌已经开始对你的日常生活造成重大影响，你还是可以找到合适的治疗方法来控制焦虑。除了各种自助的技巧❶，还有各种可用的谈话疗法和药物疗法（见第十章，治疗焦虑的不同心理治疗和药物治疗方法）。换句话说，你不需要把你的余生花在预防下一次惊恐发作上。

◎ 呼吸

没错，我再次建议做呼吸练习。为什么呢？因为有效。除了

> 呼吸练习是有效的。

前面几章提供的呼吸练习的指导语外，下面的指导语对于预防和克服惊恐发作也非常有效。

单鼻孔呼吸是放松和平静你身心的有效方式。瑜伽中经常练习单鼻孔呼吸，人们相信通过左鼻孔呼吸可以产生一种舒缓和平静的感觉，而通过右鼻孔呼吸可以增加能量。尽管我并不能证实左鼻孔呼吸和右鼻孔呼吸的好处是否真的存在，但我的猜测是，专注于一边会迫使你放慢呼吸，专注于现在，从而减

---

❶ http://www.anxietybc.com/sites/default/files/adult_hmpanic.pdf.

轻焦虑。下面是你可以使用的指导语[1]：

　　首先，尽可能多地呼出空气，就像给气球放气一样，直到你呼出所有的空气。现在，拿起你的手指并堵住一个鼻孔，压在鼻子上并保持住。当闭着嘴的时候确保这个鼻孔是不能呼吸的，现在通过开放的鼻孔缓慢地呼气和吸气。在整个过程中都要保持嘴巴和另一个鼻孔不能呼吸。现在重复这个过程，缓慢地通过这个鼻孔吸气，数到5——1，2，3，4，5，然后呼气——1，2，3，4，5。再来一次，吸气——1，2，3，4，5，呼气——1，2，3，4，5。继续，这次延长时间到6，吸气——1，2，3，4，5，6，呼气——1，2，3，4，5，6。确保你呼吸的节奏慢到足以数完整个计数过程，继续这个过程直到能够数到10。

　　当以这种方式呼吸时，你可以只用同一个鼻孔练习或者在两个鼻孔间切换，即用一个鼻孔吸气用另一个鼻孔呼气，或者先用一个鼻孔呼吸再换用另一个鼻孔呼吸。任何组合都可以，关键是每次都闭上嘴巴而且只打开一个鼻孔。

◎ 倾听你内心的声音

你的内心声音充满了睿智的建议和指导，尽可能多地依

---

[1] From *Relaxation and Wellness Techniques: Mastering the Mind-Body Connection* [CD], by M. Karapetian Alvord, B. Zucker, and B. Alvord. Copyright 2013 by Research Press. Adapted with permission.

赖它。在《完全焦虑治疗和家庭作业计划》一书中，心理学家兼作家阿特·卓玛提供了帮助人们应对恐慌的规则。首先，记住，焦虑和恐慌的感觉仅仅是身体压力反应被夸大了，处于焦虑的人们并不会比其他人体验到更加严重或者极端的焦虑和恐慌，但恐慌的人认为他们体验到的更为强烈。同样的，这些身体感觉并不是有害的或者危险的，而仅仅是令人不快的。记住，没有什么坏事会因为惊恐发作而真正发生在你身上。因此，请停止对正在发生的事情和其可能导致的后果产生恐惧的想法，即"糟糕至极"的信念。其次，另一个很重要的原则是坚持用事实验证：当你恐慌时，注意你身体真正发生了什么，而不是"可能""应该"或者"可能将要"发生什么。一定要记住，你应该等待，给恐惧时间让它过去，而不是与之斗争或者逃跑。不要给它贴标签、作评判或者回避它，仅仅是接纳它。再次，另一个策略是注意到，一旦你不再用可怕的想法来增加恐惧，恐惧就会消失，你不再是自己最大的敌人。正如前面所提到的，恐慌只会持续几分钟，不要在无用的想法上下功夫。相反，卓玛提醒读者，可以给自己积极的暗示，比如想想自己跨过重重困难取得了进步，以及如果这次取得成功会是多么令人愉快的事情，毕竟没有什么比战胜恐慌能给人更好的感觉了。最后，当你开始感觉良好时，看看周围的环境并作下一步计划。当你准备好继续时，以一种轻松、放松的方式开始，不要刻意努力或者过于急促。

◎ 停止灾难化想象

正如在第一章讨论过的，无论实际情况如何，那些有灾难化思维的人相信最坏的情况将会发生。这种思维会加剧焦虑尤其是恐慌。除了在第一章提到的去灾难化技术，下面的指导语❶可以帮助你结束这种引发恐慌的思维方式。

闭上眼睛，想象一个你通常会陷入灾难化想法的场景，它可能和你的工作有关，可能是你和伴侣或者孩子的关系，也可能是一种社交情境。比如，老板提出要开会，和爱人发生争吵，在聚会上说了不该说的话，或者其他任何情况。试着找出那些让你感到焦虑或恐慌的想法。当你想到这种情况时，注意你身体的感觉：你的心跳开始加速，你可能开始通过胸式呼吸加快呼吸，你可能感觉到你的脸部或者胃部肌肉在收缩，或者你的手开始紧张或出汗。把注意力集中在一种情况上，并考虑可能出现的灾难化想法。

然后问自己："我脑海中有哪些灾难化想法？""可能发生的最糟糕的事情是什么？"你可能会有这样的想法："我的老板会炒我鱿鱼""我的合伙人会离开我""说完这些话我就没有朋友了"，或者其他你可能想

---

❶ From *Relaxation and Wellness Techniques: Mastering the Mind–Body Connection* [CD], by M. Karapetian Alvord, B. Zucker, and B. Alvord. Copyright 2013 by Research Press. Adapted with permission.

到的任何事情。

　　现在问自己："这件事发生的可能性有多大？我能处理吗？""我有什么事实来支持我所想象的最坏的情况？""哪些事实和我想象的最坏的情况相反？""是否有更现实的情况？"在你回答完这些问题之后，花点时间来想一个更典型、更现实的结果。更现实的情况可能包括"我的上司可能会给我提一些建议，或者我可能会得到一些赞美""表达观点并不会导致某人离开"以及"人们不会仅凭一句话来评判我"。接下来的几分钟，让自己相信更现实的想法。

　　当你的思维开始发生改变时，留意你身体感觉的变化：专注于更为真实的想法是否会让你感到呼吸和心率降低或者肌肉放松？记住，沉迷于"如果"的想法常常会导致负面结论，而这些结论与现实不符。质疑这些想法是非常困难的，因为他们往往是你习惯性思维和自动化思维的一部分。但是，通过质疑这些想法，专注于更现实的结果，你可以降低你的焦虑。记住，你可以选择想什么，你可以控制你的想法。

　　现在，用鼻子深吸一口气，让它流向你的腹部，保持一会儿，慢慢地用嘴呼气。想象自己伴随着更加真实、更加积极的想法呼吸，放弃那些不真实的想法。注意你的想法是怎样改变你的情绪和你的身体感觉的。在接下来的几周里，记录下你的灾难性想法并质疑它们。这样的练习很有必要，因为你越是能够意识到自己的灾难性想法并更多地练习质疑它们，改变自动化、无意识的"如果……就会……"思维就会越容易。

现在轻轻地伸展你的手指，慢慢地左右摇摇头，轻轻睁开你的眼睛。

◎ 停止夸大和缩小

经历过惊恐障碍的人经常会做几件事：首先，他们会夸大坏事情发生的可能性。例如，尽管在公共场合晕倒是可能的，但这是极端不可能的一种情况。事

> 经历过惊恐发作的人会夸大坏事情发生的可能性。

实是，一个人可能会感到头晕眼花或者脸红，但是不会晕倒。其次，惊慌失措的人会低估自己在经历恐慌时的应对能力，例如，一个女人忘了自己一生中经历过几十次惊恐发作，她不去想自己已经掌握的技能，比如腹式呼吸和积极自我对话，而是告诉自己"这将会杀死我"或者"我没法应对这种情况"。和任何认知歪曲一样，承认你正在做的是第一步，然后你必须去质疑你思想的准确性（关于这些技巧，详见第一章）。

◎ 内感性暴露：直面你的身体感受

直面恐慌引起的身体症状，如心跳加速、头晕和呼吸急促，是克服惊恐障碍的有效方法。通过内感性暴露方法，你可以直面恐惧的身体感觉，并知道这些身体感觉并不危险。如果

面对的时间足够长，那么与这种感觉相关的焦虑就会减少甚至消失。

内感性暴露需要进行各种各样的活动练习，目的是逐步适应与恐慌相关的不舒服的身体感觉。首先，构建一个练习的等级结构，包含了从产生最小的到最令人痛苦的恐慌症状；其次，你不断地想象自己暴露在练习中，直到它们不再造成痛苦。记住，我们的目标是知道和了解我们的身体感受是无害的，这种无害性无论是有意识地创造或者在惊恐发作时都是一样的。以下是内感性暴露练习的步骤说明。关于这些练习的更多信息，请参阅戴维·巴洛（David Barlow）和米歇尔·克拉斯克（Michelle Craske）的著作《驾驭焦虑和恐惧》❶❷。学习第八章给出"恐惧等级表格"，设计针对自身的内感性暴露练习等级，按照从最害怕到最不害怕的顺序将事件进行排序，然后从低到高进行练习。

> 注意

关于内感性暴露练习，在有条件的情况下强烈建议你向受过训练的专业人士咨询。事实上，当你和治疗师一起使用巴洛和克拉斯克所著书中的建议时，效果才会达到最好。如果你不能或者不愿意去看心理健康专家，请确保身边有一个可以随时

---

❶ Barlow, D. H., & Craske, M. G. (2006). *Mastery of your anxiety and panic: Workbook.* New York, NY: Oxford University Press.
❷ 本文中文译本《驾驶焦虑和恐惧》中国人民大学出版社。　　　——译者注

提供支持的人。因为自我诱导的恐慌会和真正经历惊恐发作时产生同样的不安体验，单独使用这些技术可能会导致因眩晕而摔倒的损伤。除了提供身体上的支持，有一个朋友、爱人或者恐慌教练在身边，还可以提供在练习前、练习中和练习后的情感支持，这会增加你成功的概率。

内感性暴露练习

如果你有严重的健康问题，如心脏病或者肺病，在进行练习前请咨询医生。

1. 用嘴快速深呼吸60秒。

2. 坐在转椅上旋转60秒，你可以站着旋转，但要确保在你失去平衡时能有人在身边接住你。

3. 用一根吸管吸气120秒。

4. 闭上眼睛，左右晃动你的头部30秒。

5. 原地跑步或慢跑60秒。

6. 在膝盖上放一面镜子，凝视你的眼睛120秒。

7. 盯着墙上的一个点120秒。

内感性训练

1. 练习开始前，提醒自己身体感觉不会伤害到你。你所经历的所有的症状都是可控的，而且这些症状在你停止练习后会很快消失。提醒自己有位值得信赖的人在你身边，如果你感到特别痛苦，他/她能够帮助你平静下来。

2. 从最轻松的练习开始。尽可能长时间地体验身体感觉。记住，你忍受不愉快体验的时间越长，焦虑减少得越快。克制住想要放弃的冲动。依靠自己信赖的人来获得力量和勇气。

3. 休息放松2分钟，直到你的焦虑水平下降到基线水平。继续练习直到你可以轻松应对这一等级的恐慌事件。然而，想要让你的焦虑完全消失是不现实的。我们的目标是让它达到不再令人感到痛苦的程度。

4. 慢慢提高令你焦虑的事件等级，直到你能够忍受让你最痛苦的身体感觉。这个过程的时间长短因人而异。如果你以一个舒适的速度练习，你最终就肯定能够达到最高等级。

◎ 变得更自信

越来越多的心理学研究表明，消极的沟通方式会导致一些人惊恐发作。为什么呢？研究者认为，消极沟通的人在自己不能有效管理自己压力的情况下，会去承担别人的压力。什么是消极沟通方式？简而言之，消极沟通意味着不够自信。这并不是说消极沟通不是件好事，消极沟通者往往被视为是友好、随和以及平易近人的。但是，就和生活中的大多数事情一样，适度是关键。有时候大声说出你的想法和需要是很重要的，而不是让别人把他们的想法和需要放在你的需求之前，下面是培养自信的10个技巧。

评估你的风格。在改变你的沟通方式之前，更好地认识到你如何与他人互动是很重要的。当有人和你有相反的观点时，你是否感到自我防御或是不安？你是否即使不同意也会说"是"？你是否把别人的感受和需求放在你自己的需求之前？你想要改变的行为越多，你追求自信的过程就会越成功。

保持自信的态度。人们尊重自信的人，它是真的还是假的并不重要。永远表现得沉稳、自信、坚强，和别人保持眼神接触，当你第一次与人会见的时候保持微笑。精心打扮，保持背部挺直，抬头走路，永远不要无精打采。即使你感到虚弱、失败或者无望，也要表现得自己完全在掌控全局。

使用"我"字开头的陈述句。"我"的陈述会向人们直接传递你的想法或者你的行为。"你"的陈述会把人们放在相对面，让你看上去充满敌意和小气。例如，面对别人的不当批评，尽可能回复"我不同意这些指控"而不是"你这么说我是不对的"。

分享你的观点。与那些明知有错却还固执己见的人交谈常常会让人感到不知所措和沮丧。此时，尽管你不能确定自己的观点100%正确，也请你陈述自己的观点。观点就是观点，这就是为什么它们不被称为事实。

说出你想要和需要什么。很少有人擅长读心术，如果你想要或者需要什么，告诉别人，不要幻想别人最终会理解你的失望或者不快。

接受说"不"。对你来说，是否说"是"比说"不"容易得多？但我要提醒你，说"不"并不意味着你没有感情、毫不在乎或者没有同理心，这只是意味着你不同意别人对你的要求。如果你觉得"不"太刻薄，试着在结尾加上"谢谢"。

确保你传达的信息被听到和理解。消极沟通者的信息常常被忽视或者忽略。如果你有一个观点，那就反复阐述它，直到它被听见和理解。

控制你的情绪。过于情绪化的人很少赢得冲突，他们通常还被人认为是不理性和不可预测的。如果你发现自己面对某人时变得生气或者想哭，找个借口离开，花几分钟让自己冷静下来。一旦有效，下次你仍可以尝试。

向他人表达同理心。一个对他人表现出同理心和关心的人比那些冷漠的人更容易被倾听，当你的需求被人注意时，你已经成功了一半。同理心也是发展新友谊的好方法。

不要被忽略，让别人知道你的存在。当人们走进房间时，从你的位子上站起来，跟他们打招呼，加入人群中。大声说话让你身后的人也能听到你在说什么，不要害怕让你的光芒闪耀。

总　结

惊恐障碍是焦虑症最常见和最痛苦的症状之一。一个人在经历惊恐发作时会感到窒息、心脏病发作甚至有濒死感。好消息是惊恐发作可以通过各种自助技巧来控制。然而，像所有焦虑来源一样，可能需要向专业人士咨询，以下是本章的关键要点：

- 惊恐发作很迅速，而且往往毫无征兆。

- 最严重的惊恐发作通常也会在10分钟内结束。
- 惊恐发作不会真的让人死去。
- 恐慌是一个生理和化学过程。
- 学会自信可以帮助你克服恐惧和恐慌。

第十章 如果需要专业的帮助

变强大的途径有很多，有时候交流是最好的那一个。

——安德烈·阿加西

即使你能够接触到最好的自助书籍，得到最有力的家庭和朋友支持，你很可能仍然需要专业的心理健康专家的帮助。无论是心理学家还是精神病专家，专业顾问还是临床社会工作者，有很多人可以帮助你。尽管人们有各种各样非传统的方式来控制焦虑（如针灸、瑜伽、按摩），但治疗焦虑最常见的两种传统方法是心理治疗（即谈话疗法）和药物治疗。

你选择咨询哪种类型的心理健康专家取决于几个因素。首先是可获得性。在全国的很多地区，临床社会工作者和专业咨询师的人数都超过心理学家和精神病专家。因此，仅考虑概率，你更可能得到社会工作者以及专业咨询师的帮助。其次，你对心理健康治疗的看法很重要，你如果想看医生，这意味着你需要向心理学家或者精神病专家（心理健康专业人员之间的差异见下表）寻求帮助。你如果反对服用药物，那么心理学家也许是你的选择，因为绝大多数心理学家不会开药，而是专注于谈话治疗。最后，财务状况可能也是一个考量因素。精神病专家往往比心理学家花费更多费用，心理学家往往比咨询师和社会工作者更贵。

心理健康专家的不同类型

类型	学历	典型服务	受教育年限（年）
精神病学家	在精神病领域获得医学学位	药物管理	11～12
心理学家	心理学博士	心理治疗和心理测验	9～11
社会工作者	社会工作硕士学位	心理治疗	5～6
咨询师	心理咨询师硕士学位	心理治疗	5～6

　　如果你发现自己在犹豫，不想选任何一种类型的心理健康专家，你并不是个例。造成这种局面的原因是多方面的，一方面，社会往往给那些需要心理帮助的人贴上贬义的、伤害的和无知的标签，诸如"疯子""神经病""怪人"，这使得一些人把寻求精神治疗和软弱联系在一起，羞于或者耻于去寻求帮助。另一方面，受欢迎的电视节目和电影常常刻画从事极端不道德行为的心理健康专业人士，间接导致一些人完全不信任这个行业。

　　然而，咨询心理健康专家并不是软弱的表现，事实上，它是力量、觉醒和勇气的象征。此外，绝大多数专业人士都具有高度的职业道德。但是，如果你仍然发现自己不愿意联系心理健康专家，你可以考虑咨询任何你信赖的权威人物，比如老师。他们拥有深度的智慧、知识和经验，可以帮助你应对焦虑。

心理治疗

心理治疗，也被称为心理咨询，是指经过训练的专业人士与你一同解决一个或者多个心理问题的过程，这些心理问题从关系问题到酒精依赖再到严重的抑郁症各不相同。通过各种各样的技巧，咨询师帮助你获得对你的行为、思维方式、情绪以及它们对你日常生活影响的认识。心理治疗的最终目标是减轻你的情绪不适，帮助你学会应对生活中挑战的新方法。

◎ 心理治疗的类型

心理治疗的类型即使没有上百种也有几十种。其中比较突出的三种心理治疗类型分别是心理动力学疗法、人本主义疗法和认知行为疗法。心理动力治疗常常被认为是向内指向的心理治疗，其理念是人们意识之外的心理过程会影响其行为和情绪，其目标是通过探索过去如何影响现在来揭示这些无意识过程。这一疗法的代表人物是西格蒙德·弗洛伊德。人本主义心理治疗是一种强调个体、文化和社会对人的潜能和成长的重要影响的整体性心理治疗方法。和心理动力学疗法一样，人本主义心理治疗在本质上是间接的（治疗师不会告诉你要做什么）。第三种是认知行为疗法（Cognitive-behavioral therapy，简称CBT疗法）。这种方式的心理治疗有最多的研究支持其在焦虑症患者中的应用，通常被认

现有研究表明认知行为疗法对缓解焦虑最有效。

为是治疗焦虑症最有效的心理治疗方式。事实上，一些心理健康专家认为对大多数类型的焦虑（恐慌、创伤后应激障碍、恐惧症、广泛性焦虑）来说，认知行为疗法比药物治疗更有效❶。

认知行为疗法关注的是一个人固有的思维方式和信念系统，其目标包括以下两点：（1）帮助人们识别不正常的想法和信念，这些想法和信念多是夸大的和不切实际的；（2）用更现实、更积极和更有效的想法和信念来代替不正常的想法和信念。

认知行为疗法治疗师在治疗过程中和来访者是合作关系，这与精神分析流派给大众的印象不同，精神分析治疗师仅仅听取来访者述说任何突然出现在他头脑中的想法。在认知行为疗法中有两个专家——治疗师和来访者，他们一起仔细分析来访者长期以来对人、事件和世界的看法及信念，以找出导致来访者焦虑的原因。例如，一个焦虑的来访者可能有这样一个不正常的想法：“我永远无法在工作中承担和完成大的项目，在公司的10年期间，我从没有做对过一件事。”认知疗法治疗师会质疑这种想法并强调这样一个事实：这个人感到自己从没有做过一件正确的事，但他在公司工作了10年。其中的认知歪曲不

---

❶ Muse, M. D., Moore, B. A., & Stahl, S. M. (2013). Benefits and challenges of integrated treatment. In S. M. Stahl & B. A. Moore (Eds.), *Anxiety dis orders: A guide for integrating psychopharmacology and psychotherapy* (pp. 3 - 24). New York, NY: Routledge Press.

言自明。人们往往擅长看到别人的错误想法，却不善于发现自己的，这正是治疗师的用武之地。

◎ 选择合适的咨询师

选择一个好的心理咨询师就像是选择一辆新车，从做调查，到货比三家，再到进行试驾（即在真正做决定之前和几个咨询师见面谈谈）。这样做，你会增加做出正确选择的概率。下面是一些建议[1]：

选择专业的咨询师。一般来说，医院的精神科和心理科的医生是具有专业从业资质的、值得信赖的咨询师，其中，精神科的医生具有处方权，适合较为严重的神经症等问题，一般性的心理问题可以咨询医院的心理科。另外，一些高校和社会中的咨询机构也是不错的选择，但在选择时要注意咨询师的从业资质、培训经历、是否接受督导、心理咨询经验及擅长方向等。

找一个你喜欢的咨询师。找到一个合适的咨询师对你的成功至关重要。事实上，研究表明，咨询关系的紧密度或者

> 药物治疗不能治愈焦虑。

说所谓的治疗联盟，是治疗中最重要的组成部分。尽管人们对"好"咨询师和咨询关系的定义各不相同，但绝大多数人认

---

[1] Moore, B. A. (2012, November 8). Kevlar for the mind: Do research, take "test drive" when choosing a therapist. *Military Times*. Retrieved from http://www.navytimes.com/article/20121118/OFFDUTY03/211180329/Kevlar-ind-Do-research-take-8216-test-drive-when-choosing-therapist.

为，相互信任和尊重是很重要的。具体来说，你应该能感到你的咨询师能够理解你当下的境遇并支持你的需求。同时，你必须对你的咨询师开诚布公。这是否就意味着如果你不喜欢咨询师或者治疗进程就应该选择终止咨询关系呢？并不一定。如果你因为咨询师在治疗过程中说了一些话或者做了一些事情来质疑你的想法或者扩展你的极限，而你并不同意他说的话，那么你应该继续合作，毕竟治疗是困难且需要时间的。但如果你发现是因为咨询师对你并不感兴趣或者总是对你作主观评价而导致自己害怕去做咨询，你应该换一个新的咨询师。

向朋友或者家人寻求咨询。对于大多数事情，最客观的信息往往来自家人和朋友。你身边可能有些人曾经看过心理健康专家，问问他们的治疗经历和建议。但不要只依赖家人和朋友，你也可以在网站上找到关于心理健康专家的信息和建议。有关选择合适的心理咨询师的更多信息可以在中国心理协会官网（https://www.cpsbeijing.org）进行查阅。

药物治疗

药物治疗是控制焦虑的有效方法。然而，与人们普遍认知不同，药物治疗并不能治愈焦虑，就像前面提到的，研究表明药物治疗在治疗焦虑症方面并没有心理治疗那么有效。然而，药物在很多情况下是有帮助的。下面是一些常用的抗焦虑药。

◎ 抗抑郁药

治疗焦虑最常见的药物是抗抑郁药，称为选择性5-羟色胺再摄取抑制剂（SSRIs）。SSRIs类药物可以选择性抑制突触前膜对5-羟色胺的回收，而这种物质被认为与焦虑有关。一个患有焦虑症的人却被医生开了抗抑郁药，似乎很奇怪，这还真的不是。5-羟色胺与抑郁和焦虑都有关，并在睡眠、食欲、性功能和其他许多方面发挥着重要作用。这些药物被称为抗抑郁药是因为它们首先被发现是用来对抗抑郁症状的，之后才知道它们对于治疗焦虑也有效果。

比较常见的SSRIs类药物包括氟西汀（百忧解）、舍曲林（左罗福）、帕罗西汀、西酞普兰和艾司西酞普兰。SSRIs类药物被认为是相对安全的药物，但是它们仍旧存在引发部分副作用的风险。最常见的副作用包括男性和女性的性功能障碍和胃部不适。具体来说，性方面的副作用如性欲下降、快感缺失和射精延迟等；胃部不适包括痉挛、腹泻和恶心等。这些副作用导致一些人停止服药。另一个问题是SSRIs类药物需要一段时间才能发挥作用，有些人可能在4～6周内看不到显著的效果。因此，很多人在看到效果之前就停止了服用药物，因为他们认为药物不起作用。

◎ 苯二氮卓类药物

苯二氮卓类药物常用于管理短期焦虑，包括阿普唑仑、氯硝西泮、地西泮、劳拉西泮和替马西泮。和酒精一样，这些药物在诱导放松、降低肌肉紧张度和镇静方面效果显著，而且，这种效果几乎是可以立刻感知到的。然而，苯二氮卓类药物的安全风险大于SSRIs类药物，这些药物不能与酒精、处方类麻醉剂（可待因、氢可酮、美沙酮）或者一些安眠药（安必恩、右旋佐匹克隆片）混合使用。它们也不适合用于阻塞性睡眠呼吸暂停、有酒精或者药物滥用史的人群。

苯二氮卓类药物最常见的副作用包括嗜睡、头晕、健忘、睡眠紊乱，有很小一部分人会对这些药物产生生理和心理上的依赖。如果苯二氮卓类药物长期高剂量使用，会产生戒断反应，需要在医生监督指导下停止服药。在罕见的情况下，停药太快，特别是在高剂量服用的情况下突然停药，可能会导致癫痫发作。

◎ 丁螺环酮（布匹隆）

布匹隆是另一种调节5-羟色胺的药物，和SSRIs一样，患者可能需要数周时间来注意到布匹隆的改善效果。布匹隆的主要优点是它不像苯二氮卓类药物那样存在滥用或者依赖的问题，相对容易停药；而和SSRIs类药物相比，布匹隆似乎也不会引起同样程度的性功能障碍。当然，它也不是完美的，布匹隆最常见的副作用是服用后会出现眩晕，不太常见的副作用包括头痛、恶心、失眠和不安。

◎ 其他药物

心理健康专家使用很多其他类型的药物来治疗焦虑，但是这些药物不被称为"抗焦虑药"。SNRIs（5-羟色胺及去甲肾上腺素再摄取抑制剂）就是代表之一，与SSRIs相似，SNRIs会增加大脑中5-羟色胺水平，但它们同时也增加了去甲肾上腺素的水平，这也会有抗焦虑作用，SNRIs的常见代表有文拉法辛和度洛西汀。羟嗪是一种弱安定剂，能抑制中枢神经系统，兼具有抗组胺作用，适用于治疗短期焦虑，最主要的副作用是嗜睡，这限制了它在很多人群中的使用。另一种治疗焦虑的药物是非典型抗精神病药物：喹硫平和利培酮。抗精神病类药物用于治疗焦虑会让人困惑，但就像抗抑郁药一样，抗精神病类药物会影响大脑中一些化学物质，进而缓解焦虑。然而这类药物的副作用较明显，甚至超过了可能带来的益处，副作用包括体重增加，患糖尿病的风险增加和胆固醇水平升高。

注意

孕妇应该谨慎使用抗焦虑药物。苯二氮卓类药物已被证实会导致出生缺陷，尤其是在妊娠期前三个月服用。关于SSRIs类药物对胎儿发育的负面影响的研究最多但尚没有定论。然而，帕罗西汀已被美国食品和药品监督管理局列为D类风险药物，已有研究证明其对人类胎儿有风险。虽然布匹隆被普遍认为相比其他抗焦虑药更不容易造成伤害，但这方面的研究还很缺乏。除了可能对胎儿造成伤害，这些药物还存在于母乳当中，它们可能在喂养期间无意中转移到婴儿身上，这可能导致儿童出现易怒或镇静等症状。如果你正在怀孕或者哺乳，并正在服用治疗焦虑的药物，你一定要向产科医生、妇科医生或精神科医生咨询。

咨询前准备

◎ 去之前准备好问题

寻求精神科专家的帮助会让一些人感到尴尬，因为他们把心理健康问题和软弱联系在一起，还有一些人对心理健康治疗抱有偏见，比如他们担心自己会被迫服药或者治疗师只会追问自己的童年。在一开始就弄清楚这些问题可以减轻对这个过程的焦虑，这就是为什么不管你是向心理学家、咨询师、社工还是精神病专家寻求帮助，在你开始第一个疗程（第一次咨询）的时候，最好带一份关于治疗问题的清单。下面是一些你可能会问的问题：

- 你的理论取向是什么？它之所以有效的作用机制是什么？

- 我需要接受多长时间的治疗？

- 治疗的好处和风险是什么？

- 我怎么知道我变好了？

- 我的诊断是什么？

- 你治疗过的多少人有这种情况？

- 是什么导致了我现在的状况？

- 如果我没有好转怎么办？

如果被推荐药物治疗，那么务必要问清楚以下问题：

- 为什么选择这种药物而不是其他药物？

- 它是如何工作的？

- 副作用是什么？

- 如果我服用过程中出现副作用怎么办？

- 副作用会持续多久？

- 我需要服药多久？

- 我在哪里可以找到更多关于药物的信息？

- 我什么时候该吃药？如果错过吃药会怎样？

- 药物会影响我开车或工作吗？

- 药物与我服用的其他药物有相互作用吗？

◎ 做好相关信息储备

　　知识就是力量，在心理治疗方面，信息可以帮助心理健康专家做出准确的诊断并推荐正确的治疗方法，它还能确保患者有机会充分表达他们的担忧并充分描述他们的焦虑症状。以下是与治疗师见面前需要考虑的几个方面，你可以把你的答案写下来，并在第一次会谈时作为参考：

- 我最担心的焦虑症状/问题是什么？

> 为你的第一次面谈准备一份问题清单。

- 我有这些症状/问题多久了？

- 为什么我要现在寻求治疗？

- 有什么方法可以缓解我的焦虑症状/问题吗？

- 之前是否接受过心理咨询？如果有的话，是什么时候？

- 过去是否有某种治疗或者药物特别有效？
- 我们家有没有家族心理问题史？
- 我有什么健康问题？
- 我正在服用什么药物(名称、剂量、频率)？

总　结

虽然自助技巧很有用，但有时候你需要咨询专业的心理健康专家。有许多有效的治疗焦虑的方法，包括谈话疗法、药物治疗或者两者兼而有之。寻求帮助应该被看作是一个照顾你情绪健康的机会，就像去看医生是一种照顾你身体健康的方式一样。本章有一些要点：

- 寻求心理健康专业人士的帮助不应被视为一种软弱，或你"疯了""崩溃了"的迹象。
- 选择一个适合你的治疗师是很重要的。
- CBT是治疗焦虑症最有效的谈话疗法。即使不比药物更有效，也能达到同样的效果。
- 为你的第一次面谈准备一份问题清单。

第十一章 尝试这些！一年的名人名言和缓解焦虑的技巧

　　缓解焦虑的有效方法并不一定是复杂的，通常，最成功的技巧是基于我们的常识而不是抽象的心理学理论。下面的52个技巧简单且有效。你的目标是在每周内完成一项任务，每天在完成该任务后，在相应的日期框中打个勾，7天后继续下一个。

　　重复练习那些最有帮助的技巧。对于那些没有效果的技巧，试着去找寻原因。虽然生活中没有绝对的保证，但我相信这些简单的行为练习会减轻你的焦虑。每周我还为你准备了一条焦虑相关的名人名言，思考名人名言的意义是了解你、他人和世界的好方法。每周思考一个，看看它是否适用于你的生活，以及如何适用于你的生活。善于思考，也许你很快就会找到一个能帮你控制焦虑的小智慧。

🖊 第1周：睡前洗个热水澡

温水可以放松你的肌肉，扩张你的血管，增加身体的氧气含量。如果因为某些原因，你没办法在晚上洗澡或者泡澡，那就盖一个或者铺一个低温加热的毯子，持续15分钟左右，也能起到类似的效果。

周一	周二	周三	周四	周五	周六	周日

从1到10（1为毫无帮助，10为最高程度的帮助），这个简单的练习对减轻你的焦虑有多大帮助？_____你将来会使用这种技术吗？_____如果不会，为什么？_____

名言：

后悔比失望更糟糕。

——罗伯特·伯恩斯

🖊 第2周：点一支香薰蜡烛

几个世纪以来，人们一直把芳香疗法作为缓解焦虑和压力的重要方式。你也可以把这一技巧和第一周的技巧结合使用。

周一	周二	周三	周四	周五	周六	周日

从1到10（1为毫无帮助，10为最高程度的帮助），这个简单的练习对减轻你的焦虑有多大帮助？_____你将来会使用这种技术吗？_____如果不会，为什么？_____

名言：

当一个溺水的人抓住你时你会想要救他，但你知道他会因为惊慌失措而勒死你。

——阿娜伊斯·宁

✏ 第3周：涂鸦，上色或者画一幅画

艺术可以让你表达你的创造力，同时让你从日常生活的烦恼中分心。每天花几分钟的时间让你的创造力流动起来。

周一	周二	周三	周四	周五	周六	周日

从1到10（1为毫无帮助，10为最高程度的帮助），这个简单的练习对减轻你的焦虑有多大帮助？＿＿＿＿＿你将来会使用这种技术吗？＿＿＿＿＿如果不会，为什么？＿＿＿＿＿＿＿＿＿＿＿

名言：

与其焦虑地参加宴会，不如平静地吃一片面包。

——伊索

✏ 第4周：听你喜欢的音乐

研究表明，听轻缓音乐可以降低兴奋感，促进放松。但是要小心，声音不要开得太大，过多的噪声会导致压力增加。

周一	周二	周三	周四	周五	周六	周日

从1到10（1为毫无帮助，10为最高程度的帮助），这个简单的练习对减轻你的焦虑有多大帮助？＿＿＿＿＿你将来会使用这种技术吗？＿＿＿＿＿如果不会，为什么？＿＿＿＿＿＿＿＿＿＿＿

名言：

焦虑、压力、恐惧和愤怒只存在于你的意识中。

——维恩·戴尔

✏️第5周：静静地坐着，回忆童年的美好

唤起愉快的童年记忆会激发积极的想法和感受。如果你经历了一个艰难的童年，无法回忆起任何愉快的回忆，那就回忆你成年生活中的一些愉快经历吧。

周一	周二	周三	周四	周五	周六	周日

从1到10（1为毫无帮助，10为最高程度的帮助），这个简单的练习对减轻你的焦虑有多大帮助？_____你将来会使用这种技术吗？_____如果不会，为什么？_____

名言：

焦虑是自由的眩晕。

——索伦·克尔凯郭尔

✏️第6周：做一些你一直在拖延的事情

拖延会让你感到不知所措。即使是完成一些一直在拖延的小事也能让你的生活看起来不那么混乱。这可以是简单的支付账单，组合食品储藏室的架子，或把一些旧衣服捐给当地的福利院。

周一	周二	周三	周四	周五	周六	周日

从1到10（1为毫无帮助，10为最高程度的帮助），这个简单的练习对减轻你的焦虑有多大帮助？_____你将来会使用这种技术吗？_____如果不会，为什么？_____

名言：

人间万事，没有任何一件值得过度焦虑。

——柏拉图

🖊 第7周：学一个新笑话

笑有许多治疗作用。如果你不擅长讲笑话，试试https://www.ajokeaday.com，它会每天给你的收件箱发送一个新的、清爽的笑话。

周一	周二	周三	周四	周五	周六	周日

从1到10（1为毫无帮助，10为最高程度的帮助），这个简单的练习对减轻你的焦虑有多大帮助？_____你将来会使用这种技术吗？_____如果不会，为什么？_____

名言：

我们的忧虑不会带走明天的忧伤，只会带走今天的力量。

——查尔斯·司布真

🖊 第8周：给别人讲个笑话

不要浪费你的新笑话。让别人笑能促进人与人之间的联系并提高自我价值感。

周一	周二	周三	周四	周五	周六	周日

从1到10（1为毫无帮助，10为最高程度的帮助），这个简单的练习对减轻你的焦虑有多大帮助？_____你将来会使用这种技术吗？_____如果不会，为什么？_____

名言：

当我们高兴的时候，上帝也是高兴的。他愿意我们像鸟儿一样自由地飞翔，无忧无虑地赞美造物主。

——艾登·威尔逊·陶恕

✏ 第9周：脱掉鞋子

鞋子越时髦，就越不舒服。如果可能的话，在公司和家里脱掉你的鞋子，它会帮助你放松。

周一	周二	周三	周四	周五	周六	周日

从1到10（1为毫无帮助，10为最高程度的帮助），这个简单的练习对减轻你的焦虑有多大帮助？_____你将来会使用这种技术吗？_____如果不会，为什么？_____

名言：

世上没有纯粹的快乐，快乐总会夹杂着烦恼和忧虑。

——奥维德

✏ 第10周：通过电话、短信、微信等方式与家人或朋友联系

建立和维持一个强大的社会支持系统能够极大地缓冲压力。每天花几分钟和那些你关心但不常见面的人聊聊，这会给你带来巨大的好处。

周一	周二	周三	周四	周五	周六	周日

从1到10（1为毫无帮助，10为最高程度的帮助），这个简单的练习对减轻你的焦虑有多大帮助？_____你将来会使用这种技术吗？_____如果不会，为什么？_____

名言：

生活中没有焦虑和恐惧是非常美好的。我们的恐惧一半是毫无根据的，另一半是不可信的。

——克里斯蒂安·内斯特尔·博维

🖋 第11周：开车走一小段路

开车可以让人放松，这给了你一个在辛苦一天后整理思绪的机会。不需要很长时间，只要在附近走几趟，或者去趟商店，然后回来就行了。但是要远离高速公路和其他交通繁忙的地区，堵车会让你更有压力。

周一	周二	周三	周四	周五	周六	周日

从1到10（1为毫无帮助，10为最高程度的帮助），这个简单的练习对减轻你的焦虑有多大帮助？＿＿＿＿＿＿你将来会使用这种技术吗？＿＿＿＿＿＿如果不会，为什么？＿＿＿＿＿＿＿＿＿＿

名言：

焦虑的状态下很难学习。

——罗斯·肯尼迪

🖋 第12周：没人看电视的时候，关掉它

我们的生活中充满了背景噪声，这会导致焦虑。适当留白是好事，此外，它节省能源和金钱。

周一	周二	周三	周四	周五	周六	周日

从1到10（1为毫无帮助，10为最高程度的帮助），这个简单的练习对减轻你的焦虑有多大帮助？＿＿＿＿＿＿你将来会使用这种技术吗？＿＿＿＿＿＿如果不会，为什么？＿＿＿＿＿＿＿＿＿＿

名言：

你想做的一切都指向未来，它总是与某种焦虑联系在一起，这种焦虑会让当下的时刻变得有些不舒服。

——玛莎·贝克

✎第13周：写下能想到的有关自己或者生活中积极的事情

积极的肯定是增加自尊和对抗消极想法的好方法。

周一	周二	周三	周四	周五	周六	周日

从1到10（1为毫无帮助，10为最高程度的帮助），这个简单的练习对减轻你的焦虑有多大帮助？＿＿＿＿＿你将来会使用这种技术吗？＿＿＿＿＿如果不会，为什么？＿＿＿＿＿＿＿＿＿

名言：

我总是说我是一个现实主义者，我妈妈却说："不，你只是焦虑。"

——杰西卡·查斯坦

✎第14周：避免其他的人或事让你焦虑

一般来说，逃避并不是一种健康的处理焦虑的策略。但是，在某些情况下，远离让你焦虑的人、地方或事物是有帮助的。

周一	周二	周三	周四	周五	周六	周日

从1到10（1为毫无帮助，10为最高程度的帮助），这个简单的练习对减轻你的焦虑有多大帮助？＿＿＿＿＿你将来会使用这种技术吗？＿＿＿＿＿如果不会，为什么？＿＿＿＿＿＿＿＿＿

名言：

决策失误不是致命的，但对决策太过焦虑却是致命的。

——宝琳·凯尔

🖉 第15周：写一首诗

写作，尤其是创造性写作，可以让你集中注意力，远离焦虑。

周一	周二	周三	周四	周五	周六	周日

从1到10（1为毫无帮助，10为最高程度的帮助），这个简单的练习对减轻你的焦虑有多大帮助？＿＿＿＿＿你将来会使用这种技术吗？＿＿＿＿＿如果不会，为什么？＿＿＿＿＿＿＿＿

名言：

二十世纪人的自然状态是焦虑。

—— 诺曼·梅勒

🖉 第16周：整理旧照片

整理旧照片会让你保持注意力集中，还可能会产生一种怀旧的感觉，这是非常令人欣慰的。如果你没有时间整理的话，那就花几分钟翻看它们。

周一	周二	周三	周四	周五	周六	周日

从1到10（1为毫无帮助，10为最高程度的帮助），这个简单的练习对减轻你的焦虑有多大帮助？＿＿＿＿＿你将来会使用这种技术吗？＿＿＿＿＿如果不会，为什么？＿＿＿＿＿＿＿＿

名言：

除了一个接一个的悲哀，对未来的忧虑还会给你带来什么呢？

——坎佩斯

✏ 第17周：玩电脑游戏

孩子可能知道一些你不知道的事情呢，和孩子交流吧。电脑游戏可以很好地分散日常生活的烦扰，但记住，要适度哟！

周一	周二	周三	周四	周五	周六	周日

从1到10（1为毫无帮助，10为最高程度的帮助），这个简单的练习对减轻你的焦虑有多大帮助？＿＿＿＿＿＿你将来会使用这种技术吗？＿＿＿＿＿＿如果不会，为什么？＿＿＿＿＿＿＿＿＿＿＿＿＿

名言：

从忧虑和焦虑中解脱出来是一种福气，我认为这些人比其他人能享受到更高水平的"完美"，这是最重要的结果。

——威廉·法克纳

✏ 第18周：放纵自己

有时候，屈服于你的欲望是可以的。再吃一块巧克力，把奶酪加到汉堡里，或者周末睡到中午，如果你的健康允许，就向你的欲望屈服吧。偶尔为之并不会伤害你。

周一	周二	周三	周四	周五	周六	周日

从1到10（1为毫无帮助，10为最高程度的帮助），这个简单的练习对减轻你的焦虑有多大帮助？＿＿＿＿＿＿你将来会使用这种技术吗？＿＿＿＿＿＿如果不会，为什么？＿＿＿＿＿＿＿＿＿＿＿＿＿

名言：

听到"我们唯一的希望"这种话总会让人感到焦虑，因为这意味着如果唯一的希望不起作用，就什么都没有了。

——雷蒙·斯尼奇

第19周：在某些事情上做出让步

焦虑的人对每件事都有很高的标准。每天至少在一件事情上放松你的标准，比如，今天不打扫孩子的房间。

周一	周二	周三	周四	周五	周六	周日

从1到10（1为毫无帮助，10为最高程度的帮助），这个简单的练习对减轻你的焦虑有多大帮助？_____你将来会使用这种技术吗？_____如果不会，为什么？_____

名言：

忧虑就是用今天的力量去背负明天的重担，并且日复一日。

——布姆

第20周：在谈话时关注当下

多任务处理的一个危害是你可能在与你所爱的人交谈时并没有将全部注意力放在对方身上。当你和你的爱人、朋友、孩子或其他人交谈时，把你100%的注意力投入到谈话内容上，让对方觉得他们所谈论的是唯一重要的事情。

周一	周二	周三	周四	周五	周六	周日

从1到10（1为毫无帮助，10为最高程度的帮助），这个简单的练习对减轻你的焦虑有多大帮助？_____你将来会使用这种技术吗？_____如果不会，为什么？_____

名言：

祈祷得越多，恐慌就越少；敬拜得越多，忧虑就越少。你会感到更有耐心，压力更小。

——里克·沃伦

✎第21周：量化一个成功的结果

　　研究表明，将成功变得可视化可以提高绩效。通过每天至少克服一个未来的障碍来减少你的焦虑、压力和担忧。你可以回顾一下第六章中的意象练习。

周一	周二	周三	周四	周五	周六	周日

　　从1到10（1为毫无帮助，10为最高程度的帮助），这个简单的练习对减轻你的焦虑有多大帮助？＿＿＿＿＿＿你将来会使用这种技术吗？＿＿＿＿＿＿如果不会，为什么？＿＿＿＿＿＿＿＿＿＿＿＿＿

名言：

　　焦虑就像一把摇椅。它让你有事可做，但不会让你走得很远。

——乔迪·考特

✎第22周：等待时可以唱歌

　　对大多数人来说，等待都是压力的来源。当你在商店排队的时候，在堵车的时候，或者在医生的候诊室里坐着的时候，唱歌是一个很好的方法来减轻你的压力，可以将你的注意力从焦虑的想法中转移出去。如果周围有其他人，你可以在心中默默歌唱。

周一	周二	周三	周四	周五	周六	周日

　　从1到10（1为毫无帮助，10为最高程度的帮助），这个简单的练习对减轻你的焦虑有多大帮助？＿＿＿＿＿＿你将来会使用这种技术吗？＿＿＿＿＿＿如果不会，为什么？＿＿＿＿＿＿＿＿＿＿＿＿＿

名言：

　　冒险使人焦虑，不冒险则失去自我……而最高境界的冒险，恰恰是意识到自我。

——索伦·克尔凯郭尔

第23周：将需求转换为喜好

生活中人们真正需要的东西很少，水、食物、衣服和住所可以算是，而成为最佳员工或者被每个人喜欢并不是一种真正的需要。找出那些你已经转化为需求的喜好和偏好，然后放弃它们。

周一	周二	周三	周四	周五	周六	周日

从1到10（1为毫无帮助，10为最高程度的帮助），这个简单的练习对减轻你的焦虑有多大帮助？ _____ 你将来会使用这种技术吗？ _____ 如果不会，为什么？ _____

名言：

与其说人类为现实问题而担忧，不如说人类为自己对现实问题的想象而焦虑。

——爱比克泰德

第24周：和不焦虑的人待在一起

你可能听说过"同病相怜"这句话，焦虑也喜欢有人陪伴。试着花时间和你认为不焦虑的人在一起吧。

周一	周一	周三	周四	周五	周六	周日

从1到10（1为毫无帮助，10为最高程度的帮助），这个简单的练习对减轻你的焦虑有多大帮助？ _____ 你将来会使用这种技术吗？ _____ 如果不会，为什么？ _____

名言：

我向你保证，一切都没有看上去那么混乱，没有什么值得用你的健康去冒险，没有什么值得让自己陷入压力、焦虑和恐惧之中。

——史提夫·马拉波利

🖊第25周：做瑜伽练习

瑜伽是一种古老的印度练习术，利用身体的柔韧和姿势来实现情感、精神和身体的平衡。

周一	周二	周三	周四	周五	周六	周日

从1到10（1为毫无帮助，10为最高程度的帮助），这个简单的练习对减轻你的焦虑有多大帮助？＿＿＿＿＿＿你将来会使用这种技术吗？＿＿＿＿＿＿如果不会，为什么？＿＿＿＿＿＿＿＿＿＿＿＿

名言：

在我生命中的大部分时间和大部分友谊中，我都屏住了呼吸，希望人们在离我足够近的时候不会离开，并担心他们迟早会发现我的存在并离开我。

——肖娜·尼奎斯特

🖊第26周：享受午餐

听起来很简单是吗？但我们中的大多数都很难做到。我们经常太忙以至于忘记停下来吃东西。确保你至少花30分钟享受你的午餐。把它安排到你的日常生活中，就像你做其他事情一样。

周一	周二	周三	周四	周五	周六	周日

从1到10（1为毫无帮助，10为最高程度的帮助），这个简单的练习对减轻你的焦虑有多大帮助？＿＿＿＿＿＿你将来会使用这种技术吗？＿＿＿＿＿＿如果不会，为什么？＿＿＿＿＿＿＿＿＿＿＿＿

名言：

性格焦虑的人很难保持动力，因为过分关注自己的忧虑会使他们偏离目标。

——威妮弗蕾德·加拉格尔

🖊第27周：花一点时间和宠物待在一起

宠物可以让人很放松，并且跟宠物待在一起会起到治疗作用。如果你没有宠物，在当地的动物收容所停留15分钟，看一下这些动物。

周一	周二	周三	周四	周五	周六	周日

从1到10（1为毫无帮助，10为最高程度的帮助），这个简单的练习对减轻你的焦虑有多大帮助？_____你将来会使用这种技术吗？_____如果不会，为什么？_____

名言：

身体上的匆忙和努力通常会使我们的思想在很大程度上受制于我们的感情和想象。

——艾略特

🖊第28周：向陌生人微笑着打招呼

当生活变得繁忙时，我们往往会忽视周围的人。对别人抱以友好的态度会让你觉得和周围的人更亲近，甚至是对陌生人的友好也会起作用。

周一	周二	周三	周四	周五	周六	周日

从1到10（1为毫无帮助，10为最高程度的帮助），这个简单的练习对减轻你的焦虑有多大帮助？_____你将来会使用这种技术吗？_____如果不会，为什么？_____

名言：

虽然感觉上可能不一样，但是享受生活并不会比用持续的焦虑和忧郁来理解生活更危险。

——阿兰德·波顿

🖊 第29周：先做无聊且有难度的事情

在一天的早些时候完成一些无聊而富有挑战性的工作任务。一旦完成了，你就可以把剩下的时间花在做你喜欢或你觉得有趣的事情上了。

周一	周二	周三	周四	周五	周六	周日

从1到10（1为毫无帮助，10为最高程度的帮助），这个简单的练习对减轻你的焦虑有多大帮助？＿＿＿＿＿＿你将来会使用这种技术吗？＿＿＿＿＿＿如果不会，为什么？＿＿＿＿＿＿＿＿＿＿＿

名言：

在工作中，沮丧的一个来源是人们必须做什么和可以做什么之间的错误匹配。当他们必须做的事情超出了他们的能力时，结果就是焦虑；当他们必须做的事情达不到他们的能力时，结果就是无聊；但当匹配得刚刚好，结果可能是辉煌的。

——丹尼尔·平克

🖊 第30周：练习原谅

找个机会原谅别人对你所做的。宽恕是一种释放焦虑和受伤情绪的好方法。

周一	周二	周三	周四	周五	周六	周日

从1到10（1为毫无帮助，10为最高程度的帮助），这个简单的练习对减轻你的焦虑有多大帮助？＿＿＿＿＿＿你将来会使用这种技术吗？＿＿＿＿＿＿如果不会，为什么？＿＿＿＿＿＿＿＿＿＿＿

名言：

我喜欢读和写，因为只有读和写才能把我的注意力从现实世界和烦恼中移开。这是一个我可以没有焦虑、担心和压力的时间。

——山迪·L.库思

✎ **第31周：将要做的事情写下来**

你的记忆力可能比一般人强，但并不完美。写下那些如果你忘记做会让你感到焦虑的事情。

周一	周二	周三	周四	周五	周六	周日

从1到10（1为毫无帮助，10为最高程度的帮助），这个简单的练习对减轻你的焦虑有多大帮助？＿＿＿＿＿＿你将来会使用这种技术吗？＿＿＿＿＿＿如果不会，为什么？＿＿＿＿＿＿＿＿＿＿＿＿＿

名言：

基督徒知道他不能焦虑，而且他也没有必要焦虑。忧愁和劳碌，不能让他得到一日的餐食，因为餐食是上帝赐予的。

——迪特里希·布霍费尔

✎ **第32周：适当走慢一些**

当没有紧迫感时，快速行走能产生一种紧迫感。如果你发现自己因为迟到而走得很快，试试下一个技巧。

周一	周二	周三	周四	周五	周六	周日

从1到10（1为毫无帮助，10为最高程度的帮助），这个简单的练习对减轻你的焦虑有多大帮助？＿＿＿＿＿＿你将来会使用这种技术吗？＿＿＿＿＿＿如果不会，为什么？＿＿＿＿＿＿＿＿＿＿＿＿＿

名言：

逃避生活，逃避为生活制订任何具体的计划，这只是你假装你能阻止坏事发生的一种方式。

——苏珊·沃特

🖊 第33周：早出发15分钟

如果你总是跟不上进度，那么是时候稍微早一点出发上班、上学或赴约了。

周一	周二	周三	周四	周五	周六	周日

从1到10（1为毫无帮助，10为最高程度的帮助），这个简单的练习对减轻你的焦虑有多大帮助？＿＿＿＿＿＿你将来会使用这种技术吗？＿＿＿＿＿＿如果不会，为什么？＿＿＿＿＿＿＿＿＿＿

名言：

对我来说，广泛性焦虑障碍基本上就像把所有焦虑障碍挤在一起，包括那些没有被现代科学定义的障碍。比如我会担心睡觉的时候，会有鸟把我闷死；我要确保口袋里装着饼干，以防被困在电梯里饿死。基本上，我担心一切事情。我怀疑这就是这个名字的由来。

——珍妮·劳森

🖊 第34周：释放

尖叫、跺脚或者捶枕头。有时候你只需要把所有的烦恼都发泄出来。为了避免尴尬，你要确保在一个没有人能听到或看到你的地方哟！

周一	周二	周三	周四	周五	周六	周日

从1到10（1为毫无帮助，10为最高程度的帮助），这个简单的练习对减轻你的焦虑有多大帮助？＿＿＿＿＿＿你将来会使用这种技术吗？＿＿＿＿＿＿如果不会，为什么？＿＿＿＿＿＿＿＿＿＿

名言：

自由是焦虑的温室。如果循规蹈矩可以消除焦虑，自由则孕育了它。自由说："即使你不想做出选择，你也必须做出选择，而且你永远不能确定你的选择是正确的。"

——丹尼尔·史密斯

🖊 第35周：在花园里工作

工作场景中有花可以帮助人们放松，这是让你摆脱烦恼的好方法。

周一	周二	周三	周四	周五	周六	周日

从1到10（1为毫无帮助，10为最高程度的帮助），这个简单的练习对减轻你的焦虑有多大帮助？＿＿＿＿＿你将来会使用这种技术吗？＿＿＿＿＿如果不会，为什么？＿＿＿＿＿＿＿＿

名言：

焦虑和人类是同时产生的。既然我们永远无法掌握它，我们就必须学会与它共存，就像我们学会与风暴共存一样。

——保罗·科埃略

🖊 第36周：掐自己

每当有焦虑的想法，就掐一下自己。它不仅会分散你的注意力，还会把焦虑的想法和不舒服的事情联系起来。一段时间后，你的思想和身体会自动避免焦虑想法，因为它们已经与身体的不适联系在一起。

周一	周二	周三	周四	周五	周六	周日

从1到10（1为毫无帮助，10为最高程度的帮助），这个简单的练习对减轻你的焦虑有多大帮助？＿＿＿＿＿你将来会使用这种技术吗？＿＿＿＿＿如果不会，为什么？＿＿＿＿＿＿＿＿

名言：

我们正攀登通往幸福的陡峭山崖，渴望到达一个广阔的高原，我们将在上面度过余生；没有想到的是，登上顶峰后不久，我们将再次被召唤到充满焦虑和渴望的新低地。

——阿兰德·波顿

🖋 第37周：每天喝8杯水

水的每日推荐摄入量是8杯。水分摄入不足会导致脱水，进而导致疲劳、效率低下和压力增加。

周一	周二	周三	周四	周五	周六	周日

从1到10（1为毫无帮助，10为最高程度的帮助），这个简单的练习对减轻你的焦虑有多大帮助？＿＿＿＿＿＿你将来会使用这种技术吗？＿＿＿＿＿＿如果不会，为什么？＿＿＿＿＿＿＿＿＿＿＿

名言：

让压力从你身上流过，这样你就不会被伤害了。

——布莱恩·赫伯特

🖋 第38周：从积极的角度看待事情

当某件事让你感到焦虑时，想办法用积极的方式去看待它。例如，不要抱怨老板下班前交给你的紧急任务，而是告诉自己："我的老板相信我的能力，所以在最后一刻把这个项目交给我，我很优秀。"

周一	周二	周三	周四	周五	周六	周日

从1到10（1为毫无帮助，10为最高程度的帮助），这个简单的练习对减轻你的焦虑有多大帮助？＿＿＿＿＿＿你将来会使用这种技术吗？＿＿＿＿＿＿如果不会，为什么？＿＿＿＿＿＿＿＿＿＿＿

名言：

躺在床上的昨天实在太压抑了。如果一个人能够站起来，尽管只是吹口哨或喝杯茶，他就拥有了一份礼物。

——乔治·艾略特

✏ 第39周：喝点花茶

花茶有镇静和放松的功效，但要确保它是无咖啡因的。正如第四章所讨论的，咖啡因会导致恐慌。

周一	周二	周三	周四	周五	周六	周日

从1到10（1为毫无帮助，10为最高程度的帮助），这个简单的练习对减轻你的焦虑有多大帮助？＿＿＿＿＿＿你将来会使用这种技术吗？＿＿＿＿＿＿如果不会，为什么？＿＿＿＿＿＿＿＿＿＿＿

名言：

她那小小的蝴蝶灵魂不停地在回忆和可疑的期待之间飘动。

——艾略特

✏ 第40周：大局观

当你发现自己在为一个问题担忧时，问自己："长远来看，这真的重要吗？"在大多数情况下，你会发现当下担忧的事情没有那么重要。

周一	周二	周三	周四	周五	周六	周日

从1到10（1为毫无帮助，10为最高程度的帮助），这个简单的练习对减轻你的焦虑有多大帮助？＿＿＿＿＿＿你将来会使用这种技术吗？＿＿＿＿＿＿如果不会，为什么？＿＿＿＿＿＿＿＿＿＿＿

名言：

注定要灭亡的东西不会给任何人带来快乐，所以那些为了得到虚妄的东西而努力工作的人，他们的一生不仅是短暂的，而且一定是悲惨的。他们通过辛勤的劳动得到了他们所希望的，但又对得到的感到忧虑。与此同时，他们永远失去了再也回不来的时间。

——吕齐乌斯·安涅·塞涅卡

🖊 第41周：晒晒太阳

适度的阳光照射可以改善你的情绪和身体健康。花几分钟时间让阳光沐浴在你身上吧！

周一	周二	周三	周四	周五	周六	周日

从1到10（1为毫无帮助，10为最高程度的帮助），这个简单的练习对减轻你的焦虑有多大帮助？＿＿＿＿＿你将来会使用这种技术吗？＿＿＿＿＿如果不会，为什么？＿＿＿＿＿＿＿＿＿＿＿

名言：

人的一生每时每刻都面临着选择。无论做什么选择，都必须使我们感到舒适和平静，出于恐惧和焦虑而做出的选择往往不会带来正确的行动。

——萨莎·萨米

🖊 第42周：寻求他人的帮助

你不必每件事都自己做，也可以让你周围的人参与进来。哪怕稍微减轻一些负担也可以帮助你缓解焦虑。

周一	周二	周三	周四	周五	周六	周日

从1到10（1为毫无帮助，10为最高程度的帮助），这个简单的练习对减轻你的焦虑有多大帮助？＿＿＿＿＿你将来会使用这种技术吗？＿＿＿＿＿如果不会，为什么？＿＿＿＿＿＿＿＿＿＿＿

名言：

我一直觉得恐惧具有非常强大的力量，足以使一个人颤抖甚至僵住。思考着这些，我意识到恐惧力量来自我的内心。所以我问自己，这不是让我成为一个强大的人吗？

——里谢尔·E.古德里奇

第43周：和童年时的玩具玩耍

与童年玩具有关的怀旧情绪是非常有益的，你可以到购物网站上找找看哦！

周一	周二	周三	周四	周五	周六	周日

从1到10（1为毫无帮助，10为最高程度的帮助），这个简单的练习对减轻你的焦虑有多大帮助？＿＿＿＿＿＿你将来会使用这种技术吗？＿＿＿＿＿＿如果不会，为什么？＿＿＿＿＿＿＿＿＿＿＿＿

名言：

焦虑或是其他原因使我的思维从对白纸的审视中移开，这让我像一个走失的孩子，在屋子里徘徊，在台阶上哭泣。

——弗吉尼亚·伍尔芙

第44周：不要在家里查看工作邮件

让工作邮件就留在办公室吧。明天早上它会在那里等着你，并不会因为你没有在家查看它而丢失。

周一	周二	周三	周四	周五	周六	周日

从1到10（1为毫无帮助，10为最高程度的帮助），这个简单的练习对减轻你的焦虑有多大帮助？＿＿＿＿＿＿你将来会使用这种技术吗？＿＿＿＿＿＿如果不会，为什么？＿＿＿＿＿＿＿＿＿＿＿＿

名言：

下雨前撑伞是没有用的！

——爱丽丝·考德威尔·瑞斯

✎ 第45周：让椅子摇摆起来吧

前后摇摆的动作可以让你感到很放松。

周一	周二	周三	周四	周五	周六	周日

从1到10（1为毫无帮助，10为最高程度的帮助），这个简单的练习对减轻你的焦虑有多大帮助？＿＿＿＿＿你将来会使用这种技术吗？＿＿＿＿＿如果不会，为什么？＿＿＿＿＿＿＿＿＿

名言：

每一次退缩的背后都是一种恐惧或焦虑，它们有时是理性的，有时则不是。没有恐惧，就没有退缩。重要的不是消除恐惧，而是直面恐惧。

——朱利安·史密斯

✎ 第46周：玩纸牌游戏

很少有事情可以比玩纸牌游戏更能让你的大脑从忧虑中解脱出来。

周一	周二	周三	周四	周五	周六	周日

从1到10（1为毫无帮助，10为最高程度的帮助），这个简单的练习对减轻你的焦虑有多大帮助？＿＿＿＿＿你将来会使用这种技术吗？＿＿＿＿＿如果不会，为什么？＿＿＿＿＿＿＿＿＿

名言：

恐惧耗尽了我们的力量，而信念则给灵魂以升华的翅膀。

——T.F.霍奇

📝 第47周：伸展一下吧

至少每隔几个小时，站起来舒展一下筋骨。伸展运动可以缓解肌肉紧张，减轻背部疼痛。

周一	周二	周三	周四	周五	周六	周日

从1到10（1为毫无帮助，10为最高程度的帮助），这个简单的练习对减轻你的焦虑有多大帮助？ _____ 你将来会使用这种技术吗？ _____ 如果不会，为什么？ _____

名言：

当我没有什么可担心的时候，我就会担心。没有什么比焦虑和担心更自然的了。

——布莱恩·理查森

📝 第48周：用一下加热垫

生活重担使肌肉酸痛、紧绷，加热垫是缓解肌肉紧张和促进放松的好方法。

周一	周二	周三	周四	周五	周六	周日

从1到10（1为毫无帮助，10为最高程度的帮助），这个简单的练习对减轻你的焦虑有多大帮助？ _____ 你将来会使用这种技术吗？ _____ 如果不会，为什么？ _____

名言：

生活在希望中，我们的日子将有所不同，脆弱的日子中似乎多了点儿实质的东西。这种听天由命的感觉让我害怕。在枪响中，我喝醉了；在秘密中，所有的知识都变成焦虑。

——弗洛里亚诺·马丁斯

🖊 第49周：做一次按摩

你不太可能每天都得到一次全身的按摩，但是让别人给你按摩5分钟的肩膀或脖子也会产生意想不到的效果。最好求助一个你认识的人哦！

周一	周二	周三	周四	周五	周六	周日

从1到10（1为毫无帮助，10为最高程度的帮助），这个简单的练习对减轻你的焦虑有多大帮助？＿＿＿＿＿＿你将来会使用这种技术吗？＿＿＿＿＿＿如果不会，为什么？＿＿＿＿＿＿＿＿＿＿

名言：

有些人所谓的健康，如果是通过对饮食的长期焦虑而换来的，也不比讨厌的疾病好多少。

——乔治·丹尼森·普伦蒂斯

🖊 第50周：让别人来开车

开车让我们关注所有事情，唯独不关注自己。让别人开车，把你的注意力集中在让人愉快和放松的想法上。如果不能实现的话，那就关掉收音机和手机，专心开车吧。

周一	周二	周三	周四	周五	周六	周日

从1到10（1为毫无帮助，10为最高程度的帮助），这个简单的练习对减轻你的焦虑有多大帮助？＿＿＿＿＿＿你将来会使用这种技术吗？＿＿＿＿＿＿如果不会，为什么？＿＿＿＿＿＿＿＿＿＿

名言：

所有的疑问都是动荡和不满的风向标。

——约翰斯坦·贝克

🖊 第51周：拒绝加工食品

加工食品会破坏你的消化系统。尝试一周内全吃谷物、高纤维、不油腻的食物，看看你的感觉如何。

周一	周二	周三	周四	周五	周六	周日

从1到10（1为毫无帮助，10为最高程度的帮助），这个简单的练习对减轻你的焦虑有多大帮助？＿＿＿＿＿你将来会使用这种技术吗？＿＿＿＿＿如果不会，为什么？＿＿＿＿＿＿＿＿＿

名言：

我们只能活几十年，但我们已经为自己烦恼了好几辈子。

——克里斯托弗·希钦斯

🖊 第52周：赠人玫瑰，手有余香

研究表明，为别人做点好事，无论看起来多么微不足道，都能改善你的情绪。

周一	周二	周三	周四	周五	周六	周日

从1到10（1为毫无帮助，10为最高程度的帮助），这个简单的练习对减轻你的焦虑有多大帮助？＿＿＿＿＿你将来会使用这种技术吗？＿＿＿＿＿如果不会，为什么？＿＿＿＿＿＿＿＿＿

名言：

无论白天还是黑夜，无论晴空还是阴雨，我都渴望立足于过去和将来这二者的汇合点——现在，准备起跑。

——亨利·大卫·梭罗

关于作者

　　布雷特·A.摩尔，心理学博士，是由新墨西哥州心理学鉴证委员会（New Mexico Board of Psychology Examiners）颁发执照拥有处方权的心理咨询师，也是由美国专业心理学委员会（American Board of Professional Psychology）认证的临床心理咨询师。在过去的15年里，他已治疗了数千名焦虑障碍患者。此外，他还是13本书的作者和编辑，包括《焦虑障碍：药物和心理治疗整合指南》《心理治疗师的药物疗法：处方和协作的作用》《心理学家的临床精神药理学手册》和《军人创伤后应激障碍的临床治疗手册》等。他在临床心理学上的观点被《今日美国》《纽约时报》《波士顿环球报》、美国有线电视新闻和福克斯新闻频道等众多媒体引用。他本人也经常受邀出席在美国国家公共电台（NPR）、英国广播电台（BBC）和中国广播媒体（CBC）上。

致　谢

　　本书能和大家见面要感谢很多人的参与。我要感谢Maureen Adams帮我形成了最初的提纲，多年来，我一直珍视她作为编辑对我的帮助。感谢美国心理学会敬业、专业的员工，他们是Daniel Brachtesende, Jennifer, Meidinger, Nikki Seifert, Ron Teeter和David Becker。我想特别感谢Susan Herman对早期手稿版本的有效编辑和建议。非常感谢几位专家的共同工作，他们促进了我对焦虑问题的思考，尤其是焦虑不同的表现形式和最有效的干预方法。我有幸与Freeman, Don Meichenbaum, Stephen Stahl和Jongsma等学术先驱一起工作，从他们那里我受益颇多。同样的，有些人虽然我们没有一起工作，但他们的作品影响了我对焦虑的认识，尤其是Edmund Bourne, David Barlow, Jon Kabat-Zinn, David Burns Aaron Beck和Judith Beck，对他们一并表示感谢。本书基于这些人的想法、理论和研究得以完成。